KB263720

EVERYTHING
YOU NEED TO
KNOW ABOUT
누구나 알아야 할
모든 것 우주

누구나 알아야 할 모든 것

우주

ⓒ 포르티코, 2014

초판 1쇄 인쇄일 2014년 5월 21일
초판 1쇄 발행일 2014년 6월 2일

지은이 크리스 쿠퍼　**옮긴이** 김충섭 · 김다현
펴낸이 김지영　**펴낸곳** 작은책방
편집 김현주　**감수** 김충섭
제작 · 관리 김동영

출판등록 2001년 7월 3일 제 2005-000022호
주소 121-895 서울시 마포구 어울마당로 5길 25-10 유카리스티아빌딩 3층
　　　　　　　　　(구. 서교동 400-16 3층)
전화 (02)2648-7224　**팩스** (02)2654-7696

ISBN 978-89-5979-334-1(13440)

- 책값은 뒤표지에 있습니다.
- 잘못된 책은 교환해 드립니다.
- Gbrain은 작은책방의 교양 전문 브랜드입니다.

호두껍질 안에서 벌어지는 우주의 시작 빅뱅부터 우주의 종말 빅크런치까지!

EVERYTHING YOU NEED TO KNOW ABOUT

누구나 알아야 할 모든 것 우주

크리스 쿠퍼 지음 김충섭 · 김다현 옮김 김충섭 감수

Gbrain

"우리는 매우 평범한 별 주위를 도는 작은 행성 위에 사는
고등한 원숭이의 한 종에 지나지 않는다.
그러나 우리는 우주를 이해할 수 있다.
이것이 우리를 매우 특별하게 만든다."

스티븐 호킹

CONTENTS

서언   10

제1장 머리 위의 하늘

01.1 하늘엔 무엇이 있을까?   14
01.2 돌고 있는 하늘   16
01.3 하늘을 그리다   18
01.4 우주의 크기   20
01.5 하늘을 향한 건축물   22
01.6 하늘 위의 그림   24
01.7 북반구의 하늘   26
01.8 남반구의 하늘   28
01.9 황도대: 인생의 섭리   30
01.10 사람이 만든 하늘   32
01.11 망원경을 통한 우주   34
01.12 맨눈으로 관측하는 하늘   36
01.13 장비를 이용해서 보는 하늘   38

제2장 돌파구

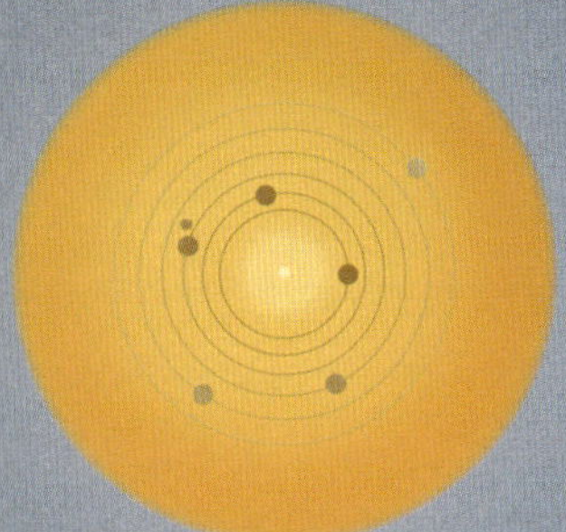

02.1 바퀴 속의 바퀴   42
02.2 지구는 돈다   44
02.3 행성들의 법칙   46
02.4 하늘을 보는 망원경   48
02.5 중력   50
02.6 망원경의 작동 원리   52
02.7 천왕성: 첫 번째 새로운 행성   54
02.8 소행성 : 하늘의 해충   56
02.9 보이지 않는 빛   58
02.10 우주에서의 거리 측정   60
02.11 섬 우주   62
02.12 팽창하는 우주   64
02.13 전파천문학: 하늘을 바꾸다   66
02.14 거대 망원경   68
02.15 중성미자 탐지기: 땅 밑의 천문학   70
02.16 천문타임머신   72

제3장 **탐사선, 인공위성, 우주선**

03.1	미지의 세계로	76
03.2	우주정거장	78
03.3	거대한 도약	80
03.4	화성을 향하여	82
03.5	로봇탐사기	84
03.6	슬링샷 우주여행	86
03.7	우주에서 살기	88
03.8	별을 향하여	90
03.9	은하계 식민지	92

제4장 **태양과 암석 행성들**

04.1	태양계의 주민들	96
04.2	태양계: 가족사진	98
04.3	태양계의 탄생	100
04.4	태양의 얼굴	102
04.5	태양의 해부도	104
04.6	수성: 그을린 행성	106
04.7	금성: 지옥에서 온 행성	108
04.8	지구: 집처럼 좋은 행성	110
04.9	지구: 살아 있는 행성	112
04.10	달: 밤의 등불	114
04.11	달: 지구의 동반자	116
04.12	화성: 붉은 행성	118
04.13	실제의 화성	120

CONTENTS

제5장 거대 가스 행성과 왜성

05.1	목성: 행성들의 군주	124
05.2	목성: 태양계의 축소판	126
05.3	토성: 고리를 두른 행성	128
05.4	토성: 링릿(작은 고리)과 블레이드(장식용 수술)	130
05.5	토성의 위성들	132
05.6	천왕성: 기울어진 행성	134
05.7	해왕성: 가장 먼 행성	136
05.8	외부 태양계의 위성들	138
05.9	왜소행성	140
05.10	태양계 소천체들	142
05.11	가까이 하기에는 위험한	144
05.12	혜성들: 하늘의 전조	146
05.13	유성들	148

제6장 수십억 개의 별들

06.1	별빛, 밝은 별	152
06.2	별들의 동물원	154
06.3	별의 탄생	156
06.4	별들의 일생	158
06.5	무엇이 별을 불타게 하는가?	160
06.6	별들의 죽음	162
06.7	치명적인 포옹	164
06.8	새로운 행성의 씨앗들	166
06.9	펄서: 우주의 신호등	168
06.10	블랙홀: 별이 사라진다	170
06.11	외계행성: 새로운 세계	172
06.12	우리는 유일할까?	174

제7장 **은하들**

07.1	은하의 해부도	178
07.2	별들의 도시	180
07.3	우리 은하계의 이웃들	182
07.4	나선은하들	184
07.5	은하 축구공	186
07.6	형태가 없는 은하들	188
07.7	충돌하는 은하들	190
07.8	난폭한 은하들	192
07.9	은하단	194
07.10	장성과 거대공동	196

제8장 **우주**

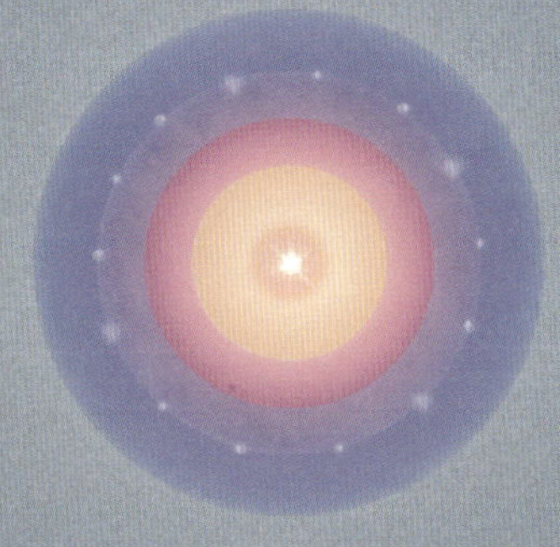

08.1	팽창하는 우주	200
08.2	간략한 빅뱅의 역사	202
08.3	우주의 끝에 드리운 안개	204
08.4	캄캄한 우주	206
08.5	가속되는 우주	208
08.6	밤하늘은 왜 어두운가?	210
08.7	우주에서 다중우주로	212
08.8	태초 이전	214
08.9	앞으로의 전망	216

북쪽 하늘의 별들	218
남쪽 하늘의 별들	219
찾아보기	220

서언

　더글러스 아담스가 《은하수를 여행하는 히치하이커를 위한 안내서*Hitchhikers' Guide to the Galaxy*》에서 말한 대로 우주는 크다. 정말로 크다. 광대하고, 거대할 뿐만 아니라, 상상도 못 할 정도로 크다. 따라서 만약 여러분이 세상의 모든 물질을 우주 안에 고르게 뿌려놓는다 해도 가장 정교한 실험실에서조차 만들어낼 수 없을 정도로 고진공 상태가 될 것이다. 그럼에도 불구하고 우주는 우리 같은 작가에게 엄청나게 많은 글을 쓰게 만든다. 그리고 필자를 더욱 당혹스럽게 만드는 것은 그동안 우리가 알고 있는 물질이 전체 물질의 작은 일부분에 지나지 않는다는 소식이다. 그 아래에는 '암흑물질'의 바다가 있다. 우리는 암흑물질에 대해서 거의 아무것도 모름에도 불구하고, 그것이 있다고 확신한다. 그것은 도널드 럼스펠드가 말했던 것처럼 '알려진 모르는 것'이다.

　우주에는 또한 우리가 씨름해야 할 엄청나게 많은 시간이 있다. 우주가 무한한 과거를 갖고 있는 것은 아니지만(우리가 알기에는), 우리가 알아야 할 140억 년에 이르는 역사를 갖고 있다. 그리고 앞으로 다가올 알려지지 않은 수십억 내지 수조 년의 시간이 있다.

　그리고 이 모든 것의 꼭대기에는 관측 가능한 우주 너머에 무한히 많은 우주가 있을 가능성이 존재한다. 따라서 이 모든 핵심을 《누구나 알아야 할 모든 것: 우주》 안의 작은 공간 속에 집어넣으려면 아주 엄청난 압축이 필요했음을 양해해주기 바란다.

그럼에도 여러분이 앞으로 마주하게 될 지면들은 우리와 우리 행성이 얼마나 우주에 잘 들어맞는지 보여줄 것이다. 또한 앞으로 천문학자들 및 과학자들이 어떻게 현재 상태의 우주에 대한 이해에 도달하게 되었는지 그 핵심을 알게 해줄 것이다. 그들이 사용하는 장비들이 더욱 강력해지면서 그들의 지각이 어떻게 확장되고 산꼭대기와 우주 공간, 심지어 광산 깊은 곳에 이르기까지 망원경을 건설하며 보이지 않는 빛으로 어떻게 '보는' 법을 배우게 되었는지를 알게 될 것이다. 그러나 무엇보다도 천문학자들이 지식을 발전시키고 문제를 풀어갈 수 있었던 것은 인간의 눈보다는 마음의 눈 때문에 가능했음을 여러분은 알게 될 것이다.

《누구나 알아야 할 모든 것: 우주》가 보여주는 우주 조감도는 우주에 관한 가장 최근의 지식까지 시각화시켜 쉽게 이해할 수 있도록 돕고 있다. 점점 더 많은 로봇탐사기가 떼를 지어 태양계를 지나가고, 중력망원경과 중성미자 망원경이 우주의 새로운 창을 열고 있으며, 망원경이 달 너머에 설치된다고 해도 이야기가 끝나는 것은 아니다. 설령 앞으로 알게 될 것이 오늘날 우리가 알아야 할 모든 것이었다 할지라도, 내일은 또 다른 새로운 것이 기다리고 있을 것이다.

제1장

머리 위의 하늘

 하늘엔 무엇이 있을까?

   우리가 살고 있는 요동치는 공기의 바다에는 어떤 뚜렷한
경계도 보이지 않지만, 국제적인 정의에 따르면 우주는 지구 표면 위
100㎞ 상공에서 시작된다. 우리 머리 위의 하늘이 24시간마다 한 바퀴씩
도는 것처럼 보이는 이유는 지구가 자전하고 있기 때문이다. 그리고 맨눈으로도
우리는 시시각각 변하는 우리 태양계의 구성원이자 가장 가까운 이웃인 태양, 달, 혜성들,
그리고 다섯 개 행성들의 움직임을 알아볼 수 있다. 이들은 같은 자리에 고정되어 있는 것처
럼 보이는 약 6,000개의 별들을 배경으로 움직인다.
   우리는 이들 너머 멀리, 우리은하 바깥쪽에 있는 희미한 4개의 은하들을 볼 수 있다.

우주 이야기

별들이 반짝이는 이유는, 별빛이 지나오는 대기가 끊임없이 흔들리고 있기 때문이다. 또 행성들은 일반
적으로 반짝이지 않는다. 작은 점으로 보이는 행성들을 자세히 보면 원반 모양으로 보이며 원반의 각
기 다른 부분에서 나오는 광선들은 움직이는 지구 대기를 통과하면서 각기 다르게 영향을 받는다. 따
라서 이 빛들은 합쳐져서 반짝이지 않는 안정된 상을 만든다. 만약 우주나 공기가 없는 달에서 관측한
다면 행성뿐 아니라 별들 역시 반짝이지 않는다.

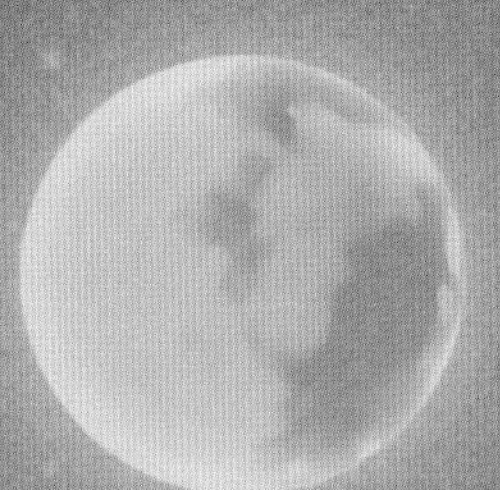

★ 오로라

태양에서 방출된 대전입자가 공기분자와 반응하여 다양한 색을 띠고 움직이며 빛나는 현상.

★ 유성

우주로부터 대기 안으로 들어오면서 대기와의 마찰로 불타는, 빠르게 움직이는 암석이다. 별이 떨어지는 것처럼 보여 별똥별로도 불린다. 어떤 유성은 1~2초 사이 잠깐 빛나기도 한다.

★ 달

바위투성이의 구체로, 태양이 비추는 반쪽을 우리가 얼마나 더 많이 혹은 더 적게 보느냐에 따라 겉보기 모습이 바뀐다.

★ 태양

구형의 뜨거운 기체 덩어리로 지구에서 가장 가까운 별이다. 육안으로는 쳐다보기조차 힘들다. 일식이 진행되는 동안 바깥으로 뻗은 빛나는 태양의 대기를 볼 수 있다.

★ 행성

별처럼 보이는 태양계의 천체이다. 그러나 배경을 이루는 별들에 대해서 천천히 움직이며 별들보다 훨씬 가까이에 있다.

★ 혜성

때때로 지구 가까이 다가오는 방문객이다. 혜성은 태양에 접근하면서 꼬리가 길어진다. 그리고 몇 달이 지나면 다시 멀어지면서 꼬리의 길이도 줄어든다.

★ 별

태양처럼 기체로 이루어진 뜨거운 구체이며, 엄청나게 먼 거리에 있다. 인간의 일생 동안 상대적 위치가 변하지 않아 한 자리에 머무는 것처럼 보인다.

★ 성운

별들 사이의 공간에서 어둡고 희미하게 빛나는 조각들인데, 실제로는 거대한 기체와 먼지로 이루어진 구름이다.

★ 은하수

하늘을 따라 둥그렇게 둘러싸고 있는 희미하게 빛나는 별들의 띠이다. 별, 가스, 먼지 등으로 이루어진 원반 모양으로, 우리 은하계 내에서 우리은하 원반을 하늘에 투영시켜 본 모습이다.

★ 은하들

희미한 빛의 파편들로, 육안으로는 성운과 비교하기 힘들지만, 우리은하 너머에 있는 별, 가스, 티끌이 모인 거대한 집단이다.

 # 돌고 있는 하늘

돌고 있는 지구에서 볼 때, 하늘에 있는 모든 것들은 동쪽에서 떠올라서 서쪽으로 지는 것처럼 보인다. 별들은 순회하는 데 23시간 56분 4.1초가 걸리며 이는 지구가 한 번 자전하는 데 걸리는 시간과 같다. 그러나 지구는 1년에 걸쳐 태양 주위를 돌기 때문에 태양은 별들보다 약간 뒤처져서 따라오는 것처럼 보여 태양이 하늘의 같은 자리로 되돌아오는 데는 매일 약 4분이 더 걸리게 된다. 이 때문에 오늘 정오에서 다음날 정오까지의 시간은 평균적으로 24시간이 된다. 별들과 비교해보면 태양은 매일 서쪽으로 조금씩 더 돌아가 있다. 그리고 1년이 지나면 처음 자신이 있던 별들 사이의 그 자리로 다시 돌아온다.

지구의 자전축은 태양 주위를 도는 지구의 공전궤도면에 대해서 기울어져 있다. 6월이 되면 지구의 북극은 태양쪽 방향으로 기울어지는데, 이때 북반구는 여름이 되고 남반구는 겨울이 된다. 지구의 기울어진 각도는 1년 동안 바뀌지 않으므로 지구는 태양 주위를 계속 돌아가서 12월이 되면 북극은 태양 반대쪽을 향해 기울게 되어 북반구는 겨울이 되고 남반구는 여름이 된다.

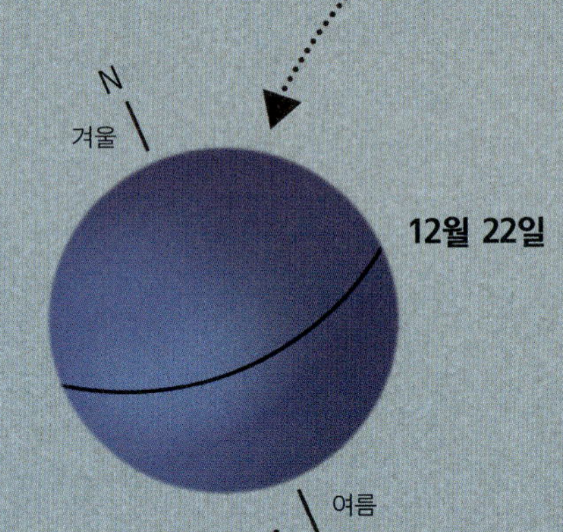

지구는 대략 365일하고 1/4일 만에 태양 주위를 일주한다. 이 때문에 우리는 4년마다 연도숫자가 4로 나누어떨어지는 해(다만, 100의 배수이면서 400의 배수가 아닌 해는 예외[1])에는 달력에 여분의 날(윤일)을 삽입한다. 이렇게 윤일을 두게 되면 달력이 계절과 보조를 맞추게 되어서 3226년이 지났을 때 하루 정도 틀리게 된다. 새로운 조정은 서기 4000년이 되는데, 그때부터는 연수가 4,000의 배수가 되는 해는 모두 윤년에서 제외된다[2]. 이렇게 조정하고 나면 달력은 16667년이 지나는 동안 하루 정도의 오차로 계절과 일치하게 된다.

1) 1년의 날수는 365.25일이 아니라 365.2422일이므로 4년마다 윤일을 두면 400년에 3일 정도 날짜가 늘어진다. 이 때문에 연도수가 100의 배수인 해는 윤년에서 제외하고, 400의 배수인 해는 윤년으로 정한 것이다(역자 주).

2) 1)과 같이 윤년을 정하면 4000년 후에 다시 1일 정도 날짜가 늦어진다. 이를 조정하기 위해서 연도수가 4000의 배수인 해를 윤년에서 제외하는 것이다(역자 주).

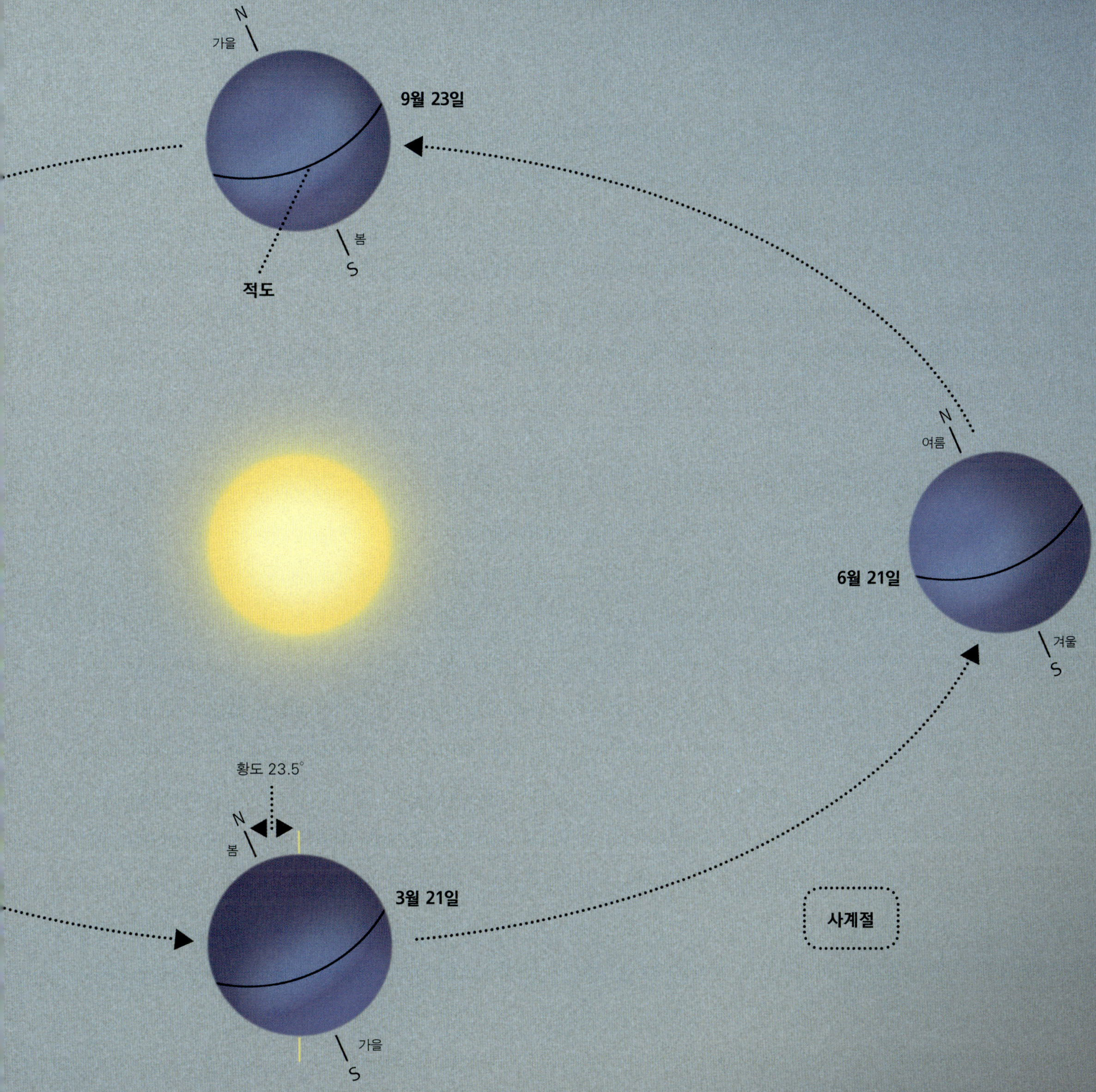

가을
N
9월 23일
봄
S
적도
여름
N
6월 21일
겨울
S
황도 23.5°
N
봄
3월 21일
가을
S
사계절

 하늘을 그리다

천문학자들은 지구를 중심으로 하는 거대한 상상의 천구 표면에 천체들이 고정되어 있는 하늘의 지도를 그린다. 지구의 북극과 남극은 각각 그 위쪽 천구 상에 천구 북극과 천구 남극이 있고, 지구의 적도 위쪽 천구 상에 천구 적도가 있다고 생각했다.

천구와 태양, 달, 행성들은 동쪽에서 서쪽으로 지구 주위를 회전하는 것처럼 보이는데, 지구가 매일 한 바퀴씩 서쪽에서 동쪽으로 자전하기 때문에 그렇게 보이는 것이다.

또한 태양이 1년에 걸쳐서 배경을 이루는 항성들에 대해서 움직이는 것처럼 보이는 것은 지구가 태양 주위를 돌고 있기 때문이다. 태양이 하늘의 별자리 사이로 지나가는 경로를 황도라고 부른다. 지구의 적도가 태양 주위를 지나는 경로에 대하여 기울어져 있기 때문에 황도는 천구의 적도에 대하여 기울어져 있다.

6월에는 태양이 천구 적도로부터 가장 먼 곳에 위치하는데 이때 지구의 북반구는 남반구에 비해 더 많은 열과 빛을 받아 여름이 되며 이 위치를 '지표, solstice'라고 부른다. 12월에는 태양이 남반구의 '지표'에 이르러 남반구는 여름, 북반구는 겨울이 된다.

우주 이야기

지구의 여름은 지구가 겨울일 때보다 태양에 더 가까이 위치하기 때문이라고 생각하는 사람이 있다. 그런데 이때의 반대편 반구는 겨울이기 때문에 모순이 된다. 사실 지구는 1월 초에 태양에 가장 가까움에도 불구하고 북반구는 한겨울이다. 그리고 가장 멀리 있을 때는 6월로 북반구는 여름이다. 이는 북반구의 계절이 생각보다 약간 더 온화하다는 것을 말해준다.

혼천의

과거의 천문학자들은 혼천의에 가상 하늘의 기준선을 설정했다. 천구의 적도, 천구의 양극, 황도 그리고 다른 점과 선들은 테와 고리들의 집합체로 표현되었다.

 우주의 크기

우리가 우주를 공부할 때, 마주치게 되는 거리는 어마어마하다. 너무 커 상상이 안 되기 때문에 천문학자들은 거리를 이해하기 쉽게 빛의 속력을 사용하여 나타낸다.

우주에서 가장 빠른 빛(전파와 다른 모든 전자기 복사도 동일, 58~59쪽 참조)은 1초 동안 300,000㎞를 여행하며 이는 1/7초 만에 지구를 한 바퀴 돌 수 있는 빠르기이다. 달에서 지구까지 빛이 오는 데 걸리는 시간은 1.3초, 태양에서 오는 데는 8분이 넘게 걸리며, 태양계의 가장 먼 행성인 해왕성 거리의 우주선에서 보내는 신호가 지구에 도착하는데는 4시간이 넘게 걸린다.

그렇다면 별에서 오는 빛이 우리에게 도달하는 데는 얼마나 걸릴까? 빛이 1년 동안 이동하는 거리는 9.5조 ㎞인데, 우리는 이 거리를 1광년이라 부른다. 가장 가까운 별은 우리로부터 4.2광년 거리에 있다(천문학자들은 때때로 광초second, 광분minute, 광시hour로 나타내기도 한다). 따라서 별에서 오는 빛이 지구에 도착하기 위해서는 몇 년 동안을 여행해야 한다. 은하계의 별들은 수만 광년 떨어진 거리에 있고, 은하들은 수백만 광년 떨어진 거리에 있다. 관측할 수 있는 가장 먼 한계거리에는 퀘이사라 알려진 엄청나게 밝은 천체가 있다. 이 천체들의 빛이 우리에게 도달하는 데에는 110억 년이 넘게 걸린다.

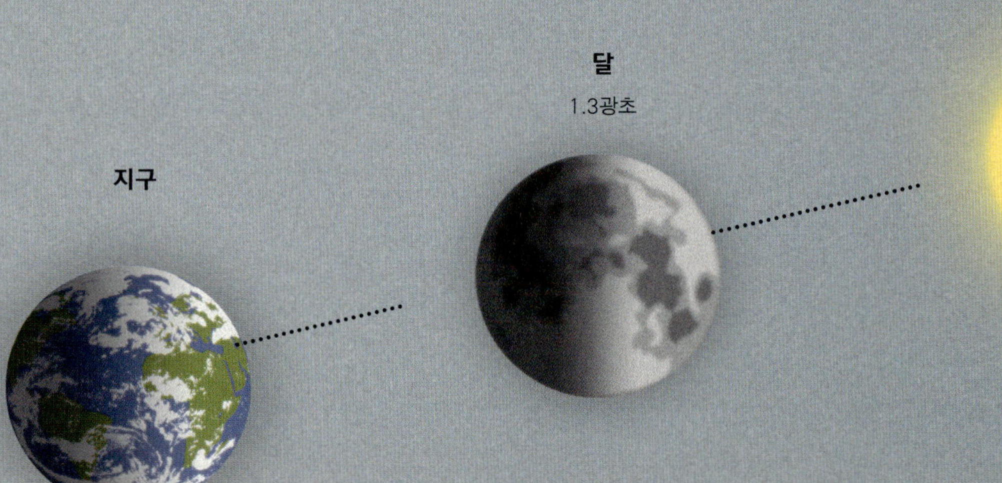

우주 이야기

기원전 3세기경 그리스 과학자 아르키메데스는 놀라운 방법으로 지구의 크기를 측정했다. 그가 구한 지구의 지름을 현대적인 용어로 나타내면 2광년에 해당한다. 이 크기는 오늘날 우리가 알고 있는 우주에서 보면 무한소에 해당할 만큼 극히 작은 부분에 불과하지만 그 시대의 기준으로 보면 기절초풍할 만큼 큰 것이었다. 아르키메데스는 우주를 채우는데 필요한 모래 낱알의 개수를 계산하기도 했는데, 그 개수는 숫자 1 뒤에 0이 63개나 오는 큰 수로 표현된다.

퀘이사

110억 광년

알파센타우리 항성계

4.2광년

안드로메다은하

250만 광년

1광초는 300,000km와 같다.

1광년은 9조 5,000억km와 같다.

 하늘을 향한 건축물

고대인들은 하늘에서 일어나는 변화에 대한 지식을 문서로 기록하거나 구전되는 신화로 전달했는데 때때로 인상적인 구조물로 전달하기도 했다.

이집트 기자에 있는 대피라미드는 기원전 2560년에 만들어졌다. 양변을 정확히 동-서, 남-북 방향으로 나란히 정렬하기 위해서는 천문학적 기술이 필요했다. 기원전 13세기경 이집트의 파라오 람세스 1세는 아부심벨에 신전을 지었다. 햇빛은 1년 중 두 번 무덤 안까지 비추도록 설계했으며 파라오의 생일인 10월 21일과 그의 대관식 날인 2월 21일, 두 신의 호위를 받고 있는 파라오 상을 비춘다.

1000년경 푸에블로 인디언들이 뉴멕시코 주 차코 캐넌Chaco Canyon에 있는 파하다 뷰트Fajada Butte라 불리는 암석 노두에 돌판 세 개를 수직으로 세웠다. 이 돌판들 사이에서 태양이 암면에 새겨놓은 심볼인 나선형 암면 조각 위에 '태양 단검', 다시 말해 태양 빛살을 던진다. 특정 위치에 나타나는 태양 단검의 패턴은 한여름, 한겨울 그리고 춘분과 추분을 나타낸다.

기원전 300년경 아일랜드 공화국 동부의 뉴그레인지에 세워진 커다란 언덕 무덤의 입구 통로는 정확하게 동짓날 해돋이 방향으로 정렬해 있어서, 그 즈음 며칠간 단 몇 분 동안 햇빛이 내부를 비춘다.

천문학적 목적으로 세워진 고대의 건축물 중에서 가장 유명한 것은 영국 남부에 있는 스톤헨지일 것이다. 세워진 그 자리에 대들보와 돌들이 거대한 원을 그리며 배열된 단순한 구조물이지만, 오늘날까지도 여전히 인상 깊은 건축물이다. 지면에 세워진 대들보의 건설은 기원전 3000년경부터 시작되었고, 돌들이 세워진 것은 기원전 2600년경으로 추정된다. 가장 큰 돌은 무게가 50톤에 달한다. 이 중 일부가 웨일스에서 250㎞ 떨어진 곳에서 운반되어온 것으로 알려져 있지만 논쟁의 여지가 많다.

스톤헨지의 정확한 사용 목적은 여전히 알려지지 않았지만 사회적이고 또 종교적인 목적으로 쓰인 것으로 보고 있으며 그중 몇 가지 의식은 하지와 관련된 것으로 보인다. 스톤헨지의 정문은 북동쪽으로 나 있는데, 한여름에 태양이 떠오르는 방향이다. 따라서 한여름에는 스톤헨지의 내부에서 스톤서클 바깥에 놓여 있는 힐스톤Heelstone 위로 태양이 떠오르는 것을 볼 수 있다.

우주 이야기

스톤헨지처럼 중요한 천문학적 특징을 가진 다양한 건축물들이 수백 개 이상 발견되었다. 이에 대해 일부에서는 외계인들의 도움으로 건설된 건출물이라는 주장을 내놨다. 그런데 이렇게 거대한 집합체를 연구한 결과 가짜 패턴을 발견할 수 있었다.

2010년 수학자 매트 파커는 영국 전역에 산재해 있는 800개의 주요 문화 지역을 둘러보고 수많은 정렬과 패턴을 찾아내었다. 그 지역들은 울월스 가게들이 위치해 있었다.

3) 울워스(1852~1919)는 미국의 실업가이다(역자 주)

01.06 하늘 위의 그림

　신화나 점성술에 등장하는 별자리는 실제 존재했거나 혹은 신화 상에 등장했던 인물이나 동물, 물체들과 닮았다고 상상하며 하늘에 그린 가상적인 그림이다. 천문학에서의 별자리는 하늘을 기술적으로 구분한 국제적으로 정의된 88개의 영역의 한 부분을 의미한다. 이 중 48개의 별자리는 그리스의 천문학자 클라우디오스 프톨레마이오스가 2세기에 기록했던 것으로, 그 대부분은 메소포타미아의 천문학자들이 기원전 1000년 이전부터 기록해오던 것들이다. 후대의 천문학자들은 프톨레마이오스의 별자리들을 그대로 쓰지 않고 선택적으로 사용해 현재는 우리가 쓰는 별자리의 절반에 해당한다.

　항해시대에 적도 이남으로 항해를 하게 되면서, 처음으로 최남단의 하늘을 보게 된 유럽인들은 이를 계기로 시계, 현미경, 망원경과 같은 새로운 발명품을 포함하는 새로운 별자리를 고안해내게 된다.

　각각의 별자리들은 라틴어 이름이 있다. 별자리에서 가장 밝은 별들은 각각 전통적인 이름과 과학적으로 붙여진 이름을 갖고 있다. 과학적인 이름은 그리스어 알파벳의 문자들, 다시 말해 알파, 베타, 감마 등을 별자리의 라틴어 이름에 붙여서 만든 것이다. 예를 들면 사자자리에서 가장 밝은 별의 전통적인 이름은 레굴루스이고, 과학적인 이름은 알파 레오니스(레오니스는 소유격으로 '사자의'라는 뜻)이다. 별자리들은 218~219쪽의 성도에서 확인 가능하다.

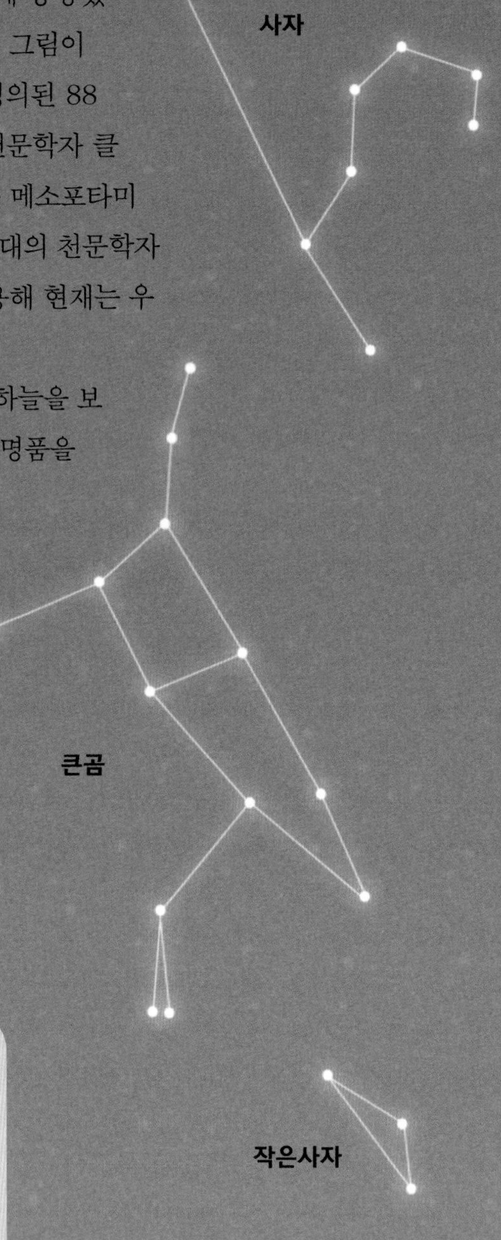

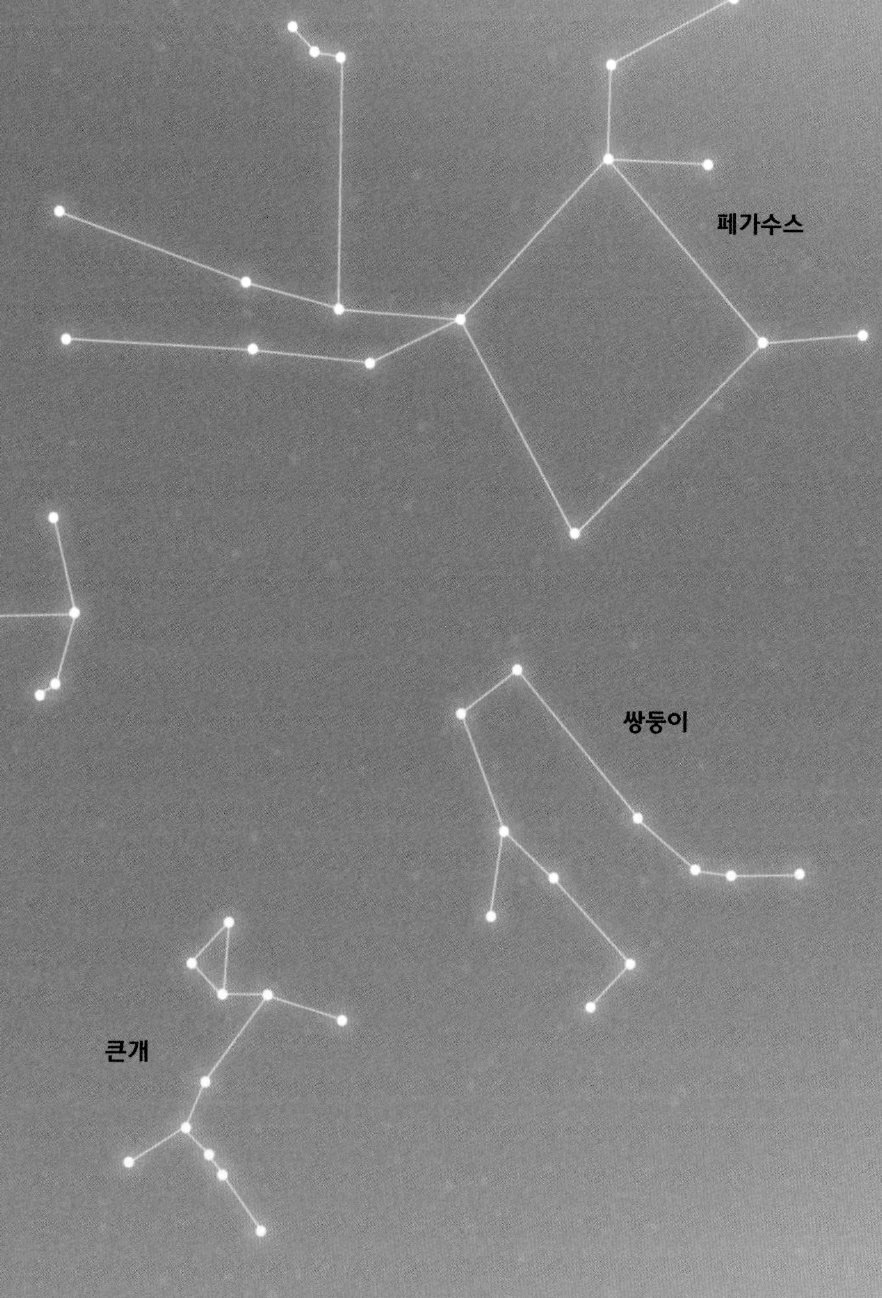

하늘의 그림

별자리는 전통적으로 별자리 지도에 아름답고 정교하게 그려져 있다. 이 기능적인 시대에는, 막대 그림이 별자리의 주요 별들을 잇는 선으로 사용되었다(여기 그려진 별자리들 사이의 상대적인 위치 관계는 사실이 아니다).

 북반구의 하늘

1년 내내 별들을 본다면 북반구에 사는 사람은 하늘의 절반인 북반구 하늘의 모든 별들과 나머지 절반인 남반구의 별들의 일부를 볼 수 있다. 만약 북위 $40°$(이 위도는 남유럽의 위도이자 미국 중부의 위도이다)에 사는 사람이라면 천구 적도로부터 $50°$ 남쪽까지도 볼 수 있다. 그리고 천구 북극의 $40°$ 반경 내의 별들은 결코 지평선 아래로 지지 않는데, 이 별들을 주극성이라고 부른다. 이 별자리들 중 가장 눈에 띄는 별자리는 큰곰자리와 카시오페이아자리이다. 북쪽별 또는 북극성이라고도 불리는 극성은 천구 북극 가까이 즉 작은곰자리의 꼬리 끝에 위치한다.

좀 더 남쪽에 있는 별자리들은 계절에 따라 바뀐다. 여름철에는 하늘의 대삼각형이라고 불리는 세 개의 밝은 별들이 하늘 높이 빛나는데, 독수리자리에 있는 견우성, 백조자리에 있는 데네브, 거문고자리에 있는 베가로 모두 다른 별자리에 속하는 별들이다. 겨울철에는 사냥꾼 오리온자리가 하늘을 지배한다.

큰곰자리

'북두칠성' 혹은 '국자'라 불리는 성군은 우리에게 굉장히 친숙한 별들이지만 공식적으로는 별자리로 분류되지 않는다. 북두칠성은 북극곰자리의 일부로, 매일 천구 북극 주위를 반시계 방향으로 회전한다. 북두칠성의 끝에 있는 두 별을 지극성이라고 부르는데, 이 별들은 대략적으로 북극을 가리킨다.

우주 이야기

꽤 쓸 만한 시계가 발명되기 이전에는, 별의 위치를 보고 시간을 판단하곤 했다. 이것은 낮 동안에 태양의 위치를 보고 시간을 아는 것과 같은 위치였다. '녹터널'(야행성이라는 뜻)은 휴대용 장치로 다이얼을 돌려 날짜를 맞추고, 중심에 있는 구멍 사이로 북극성을 보면서 바늘을 어떤 특정한 별들, 일반적으로 북두칠성 안의 지극성(역자 주: 북두칠성의 국자 끝부분에 있는 두 별을 말한다) 방향으로 정렬시켜서 시간을 알아내는 장치였다.
· 별들이 태양보다 시간을 더 잘 반영하기 때문에 이 '별시계'는 태양시계보다도 더 정확했다.

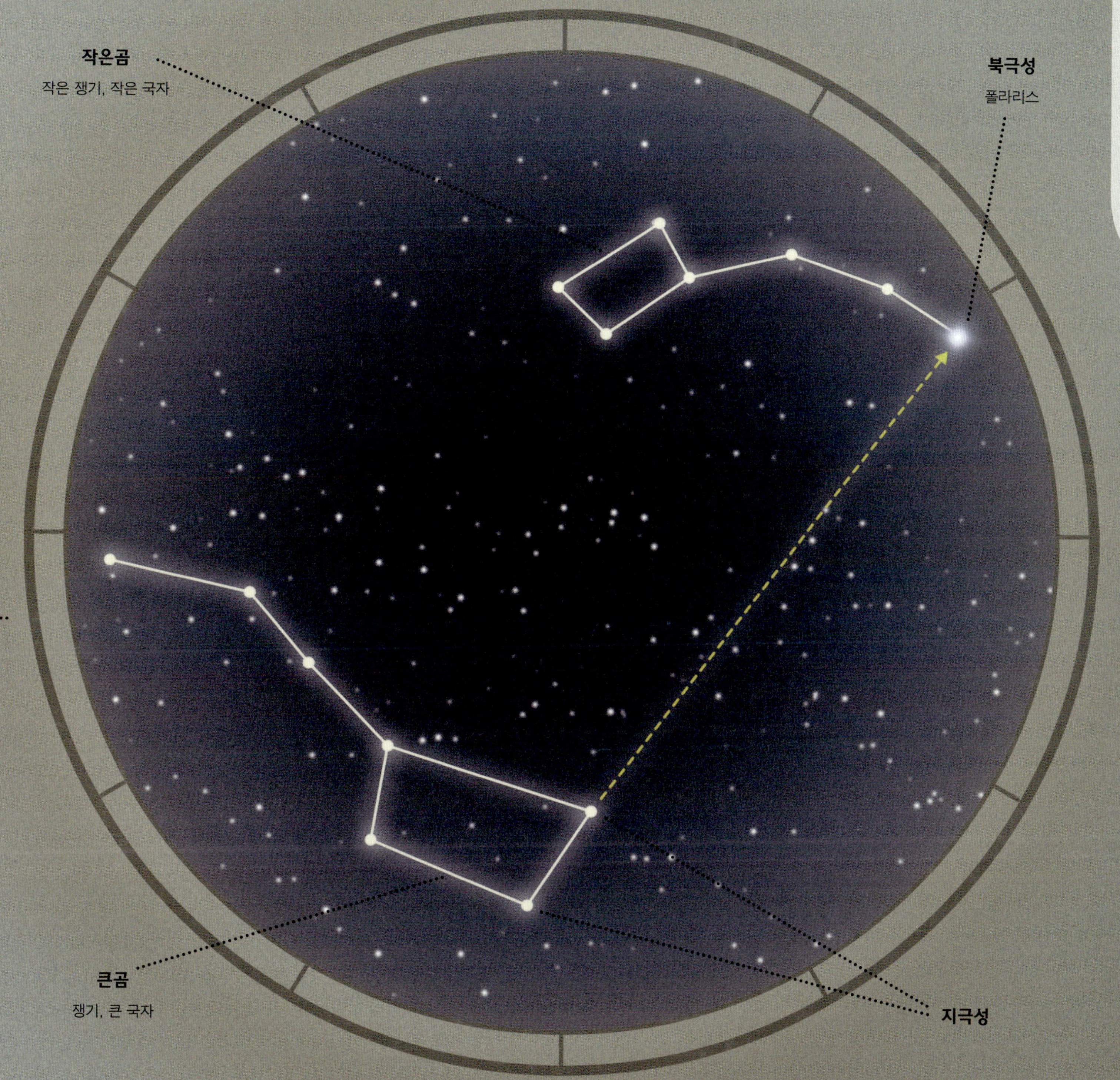
작은곰
작은 쟁기, 작은 국자
북극성
폴라리스
큰곰
쟁기, 큰 국자
지극성

 남반구의 하늘

　남반구에서 보면, 하늘은 천구 남극을 중심으로 돌아가는 것처럼 보인다. 천구 남극 근처에는 밝은 별이 없는 대신 작지만 밝은 별자리인 남십자자리가 있어 여행자 가이드 역할을 한다. 남위 $40°$(호주 남쪽과 남아메리카 남쪽의 위도)에 위치한 관측자들이 볼 때, 남위 $40°$ 이내에 있는 모든 별들이 주극성이 되며 여기에 속하는 별자리로는 용골자리와 켄타우루스자리의 일부가 있다.

　천구 적도 쪽으로 향하면, 남위 $40°$에 있는 관측자는 북위 $50°$에 있는 하늘까지 관측 가능하다. 북반구 중위도에 있는 사람이 하늘 가운데 오는 별자리들이 계속 바뀌는 것을 보는 것처럼 이들 역시 하늘 가운데 오는 별자리들을 보게 된다. 그러나 이들은 북반구와는 반대로, 별들이 오른쪽에서 떠올라 왼쪽으로 지는 것을 보게 된다.

우주 이야기

여러분이 남반구에서 별들을 기준으로 삼아 항해를 할 때는 가짜 남십자자리에게 잘못 인도되지 않도록 주의해야 한다. 이것은 천문학적으로 정의된 별자리 영역에 속한 별들이 아니며 성군, 다시 말해 단순한 별들의 배열로 용골자리의 별과 돛자리의 별 네 개로 구성되어 있다. 이 별들은 남십자자리의 별들보다 더 어둡고 더 퍼져 있으며, 다섯 개가 아니라 네 개의 별로 이루어져 있다.

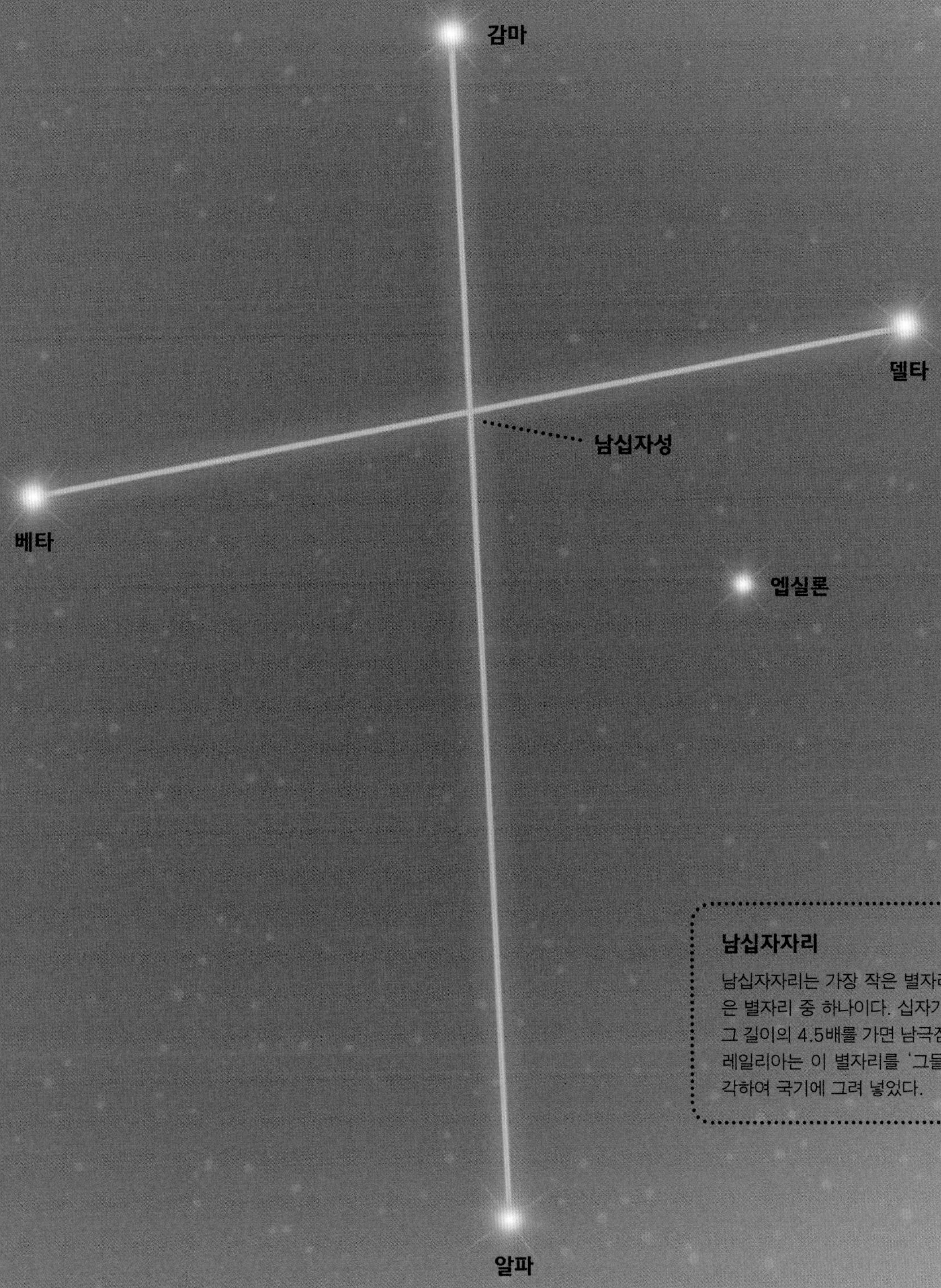

남십자자리

남십자자리는 가장 작은 별자리이지만 가장 밝은 별자리 중 하나이다. 십자가의 긴 선을 따라 그 길이의 4.5배를 가면 남극점이 있다. 오스트레일리아는 이 별자리를 '그들의' 별자리로 생각하여 국기에 그려 넣었다.

 # 황도대 : 인생의 섭리

점성술을 싫어하는 사람들도 황도대 십이궁의 이름은 들어봤을 것이다. 흔히 황도대로 번역하는 영어의 'zodiac'은 그리스어로 '살아 있는 것'이라는 뜻인데, 이는 황도대 12별자리들이 하나를 빼고 모두 역사나 신화 속에 등장하는 동물이나 인물에서 따왔기 때문이다. 황도대는 12개의 별자리로 구성되는데, 이들은 태양이 1년 동안 지나가는 곳에 보이는 별자리들이다.

점성술사들은 태양이 지나간 길을 12가지 영역으로 나눈 다음 표지를 붙이고 그에 따라 별자리를 정했다. 그런데 영역별 표지의 크기는 같았지만, 별자리들의 크기는 상당히 다르다. 점성술사들은 사람들의 성격과 운명이 태어난 순간 태양의 위치에 따라 정해진다고 믿는다. 묘한 것은 점성술사들의 표지는 하늘과 부합되지 않는다는 것이다. 지구의 자전축은 이른바 지구의 '세차' 운동으로 인해 비틀거리기 때문에, 태양은 2150년마다 한 달씩 늦게 표지의 위치로 들어가게 된다. 이 때문에 게자리의 영향은 6월 23일경에 시작된다고 말하지만, 오늘날 태양이 게자리로 들어가는 때는 7월 21일경이 된다.

우주 이야기

13번째 별자리인 뱀주인자리는 전갈자리와 궁수자리 사이에 있는 황도 십이궁도 사이에 자리잡고 있다. 어떤 점술가는 13가지 표식의 궁도를 사용하기도 하며, 심지어는 고래자리(물고기자리와 양자리 사이에 꼬리가 놓여 있다)를 포함한 14개로 생각하기도 한다. 점술가들의 이러한 견해가 어떠한 방향으로 발전하더라도 과학자들은 이 사실을 심각하게 받아들이지 않는다.

황도 별자리

각 표식은 궁수자리의 화살이나 양자리의 뿔처럼 전통적인 의미를 가지고 있다. 각 형체는 전적으로 닮기도 하지만, 꼭 그에 상응하는 별자리의 모양을 가지는 것은 아니다.

 사람이 만든 하늘

　　인간은 하늘의 본성을 지도와 지구본에 나타내기 위해 오랫동안 노력해왔다. 따라서 그 복잡한 움직임을 실형 작동 모형으로 구현해내는 것이 인간이 하늘을 정복하는 절정의 순간이 될 것이다. 그러한 노력 중 하나인 아스트롤라베는 중세시대의 기구로, 하늘의 움직임을 구현한, 아라비아의 장인이 만든 아름다운 작품이다.

　　17세기부터 이어온 시계 제작기술의 발전은 태양계의 모형 제작을 가능하게 했고, 이에 따라 지구가 태양 주위를 돈다는 새로운 사실을 확립하게 되었다. 손으로 돌리는 이 정교한 기계는 지구, 달, 행성들과 다른 행성 주위를 도는 새로 발견된 위성들이 모두 중심에 있는 태양 주위를 돌고 있음을 보여준다. 상대적인 궤도의 크기를 축소시켜 탁상용 모형에 나타낼 수는 없었지만, 이들이 궤도를 도는 상대적인 속도만큼은 잘 나타낼 수 있었는데, 예를 들어 화성은 지구가 태양 주위를 도는 것보다 대략 두 배 정도 시간이 더 걸린다는 것을 보여주었다.

　　20세기의 전자기술은 천체투영관 안에서 편안하게 앉아 하늘을 바라볼 수 있게 환영을 만들어주었다. 그리고 21세기의 천체투영관은 지구에서 육안으로 본 것 같은 이미지뿐만 아니라 가상현실을 구현해 별 혹은 은하계 너머로 관람객들을 데려갈 수도 있다.

1902년 심하게 부식된 원반 모양의 청동 기계장치가 그리스 섬 안티키테라 근처의 난파된 배에서 발견되었다. 무려 2000년이나 바닷속에 수장되어 있던 이 기계를 고고학자들이 수십 년 동안 연구한 결과, 놀랍도록 정교하게 제작된 기계적인 컴퓨터라는 것이 밝혀졌다. 기계에 날짜를 입력하면, 태양과 달 그리고 아마도 맨눈으로 관측할 수 있는 다섯 개의 행성의 위치를 보여주고, 일식이나 월식을 예측할 수 있었다.

토성

천왕성

플라네타륨

이곳에서 관람객은 컴퓨터로 흉내낸 하늘의 움직임을 볼 수 있다. 과거에는 거대하고 회전하는 곤충같이 생긴 프로젝터가 영상을 투영했지만 현대적인 플라네타륨은 눈에 잘 띄지 않는 디지털 프로젝터를 사용한다.

해왕성

 # 망원경을 통한 우주

아주 작은 것일지라도 쌍안경이나 망원경을 통해 밤하늘을 올려다보면, 세상은 다르게 보인다.

- 수천 개가 넘는 별들이 모습을 드러낸다. 예를 들어 북두칠성의 사각형 안에서 볼 수 있는 별들의 개수를 비교해보라. 맨눈으로 볼 수 있는 별의 수는 많지 않지만 망원경으로 보면 깜짝 놀랄 만큼 많다.

- 별들이 더 밝게 보일수록, 우리 눈은 별의 색깔을 더 잘 인식할 수 있다. 하지만 별은 여전히 광점으로 보인다.

- 은하수는 더 이상 빛의 띠가 아니고, 수천 개가 넘는 희미한 별들로 이루어진 들판처럼 보인다.

- 성단들 속에는 더 많은 별들이 보인다. 어떤 별들은 다중성으로 두 개나 세 개 혹은 그 이상의 별들로 이루어진 것을 볼 수 있다.

- 달은 크레이터들과 산맥, 평원으로 이루어진 세상임이 드러난다.

- 빛의 한 점처럼 보이던 행성들은 원반처럼 둥그렇게 보인다.

- 성운과 은하들은 더 밝고, 더 크고, 더 많은 구조를 가지고 있음을 알아볼 수 있다. 물론 이것은 성능이 꽤 좋은 망원경을 통해서 볼 때만 가능하다.

도시의 불빛에서 가능한 한 멀리 떨어질수록 밤하늘에서 망원경이나 쌍안경으로 볼 수 있는 천체들의 수와 선명도는 엄청나게 증가한다.

경고

망원경이나 쌍안경으로 아주 잠깐 언뜻 태양을 보는 것조차도 시력을 영구적으로 손상시킬 수 있다. 따라서 해가 뜬 이후에는 장비를 하늘로 향하게 놓아야 한다. 태양 관측용 망원경 사용은 102쪽을 참고하길 바란다.

성단은 망원경으로 보면 멋지게 보인다. 이들은 흔히 보석상자성단이나 벌집성단 같은 묘사적인 이름이 붙어 있다.

우주 이야기

오로지 천문학적 용도로 제작된 망원경은 아래위가 뒤집힌 상을 만들어내는데 이것은 전혀 문제가 되지 않는다. 상의 질을 거의 훼손시키지 않으면서 상을 뒤집어주는 또 다른 렌즈가 있기 때문이다. 인쇄된 달의 지도는 전통적으로 남쪽을 위로 하여 제작되었는데, 이는 관측자들이 그들의 망원경을 통해 관측하는 것과 일치하도록 하기 위한 것이다.

 맨눈으로 관측하는 하늘

망원경이나 쌍안경 없이도 매일 밤하늘을 보며 매혹적인 것들을 발견하는 것도 가능하다.

별자리를 배워보자

- 여러분이 별을 관측하는 동안 길잡이 역할을 하면서 도와줄 작은 천문학 관측 서적을 구하라.

- 한 해 동안 밤하늘에서 드러나는 변화를 기록한 평면천체도는 유용한 안내서이다. 성도 위로 돌아가는 투명한 창은 볼 수 있는 하늘을 나타낸다. 오늘 날짜와 시간에 창을 맞추면 수평선 위에 있는 별들을 볼 수 있다.

- 만약 여러분이 스마트폰을 가지고 있다면, 별자리 앱을 이용할 수 있다. 어떤 천문학 앱은 전화기에 내장된 자기장 방향센서를 이용하여 하늘을 향해 핸드폰을 들어 올렸을 때 하늘에 있는 천체를 인식할 수 있다.

- 1년 내내 볼 수 있는 천구의 북극 근처에서 주요 별들과 별자리들을 비롯해, 계절마다 나타나는 적도 근처의 별들과 별자리들을 배워보자.

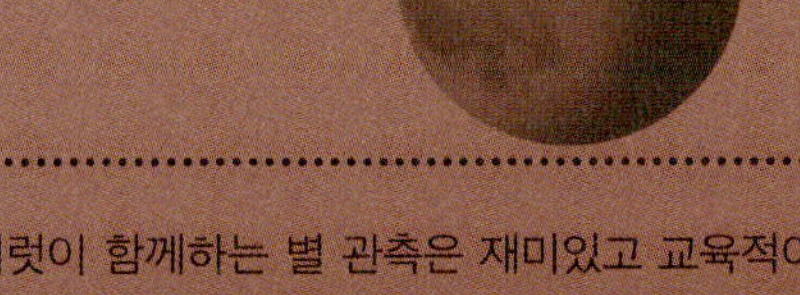

별들을 보려면 도시 불빛으로부터 가능한 한 멀리 가야 한다. 존 보틀의 어두운 하늘 등급에 따르면 하늘의 밝기는 1등급(가장 어두움)에서 9등급(빛에 가장 노출된 상태)로 나눌 수 있다. 1등급의 하늘은 바다 한가운데나 산꼭대기, 황무지 등에서나 볼 수 있다. 이곳에서는 은하수의 가장 밝은 부분이 그림자를 드리우는 것도 볼 수 있다. 6등급의 하늘(밝은 교외)에서는 은하수는 겨우 관측이 가능하다.

달이 한 달 동안 어떻게 변하는지 관찰해보라. 태양이 지고 난 후 서쪽 하늘에 보이는 작은 초승달 모양에서부터, 부풀어 올라 한밤중에 보이는 보름달을 지나, 해 뜨기 직전 동쪽 하늘에서 빛나는 초승달까지 관찰해보라.

하늘에서 일어나는 일

* 신문이나 웹사이트, 예를 들면 astronomynow.com이나 skyandtelescope.com, astrnomy.com에서 규칙적으로 일어나는 천문 현상을 확인하고, 다음달에 어떤 행성들과 별자리들이 눈에 띄는지 확인해보자.
* 유성우는 한 해 동안 규칙적으로 발생한다. 뉴스 매체들이 그 사실을 보도하여 알려줄 것이다.

 장비를 이용해서 보는 하늘

만약 여러분이 스포츠 관람을 위해서 혹은 조류를 관찰하기 위해 쌍안경을 사용한 적이 있다면, 이번에는 방향을 돌려서 숨막히는 우주의 아름다움을 보는 것도 좋을 것이다. 가장 도전 정신이 강한 아마추어들은 천체망원경을 사용한다. 하지만 새로운 장비를 구입하기에 앞서 자신에게 가장 적합한 것이 무엇인지를 연구해보는 것이 중요하다.

쌍안경이나 망원경은 배율과 대물렌즈나 반사경의 크기에 따라 등급이 달라진다. 배율이 클수록 달, 행성 그리고 멀리 있는 천체들, 예를 들어 성단, 성운, 혜성까지도 더 큰 이미지로 볼 수 있다. 그러나 별은 아무리 배율이 높아도 여전히 하나의 점으로 보인다. 대물렌즈가 클수록 빛을 모으는 능력은 더 커져서 더 밝은 상을 얻을 수 있다.

여러분은 가능한 한 배율이 큰 것이 별을 관찰하기에 유리할 것이라고 생각할지 모르지만 오히려 자신의 위치에서 하늘을 찾기는 어렵게 된다. 이는 우리가 단지 하늘의 아주 작은 부분만 볼 수 있기 때문이다. 또한 배율이 커질수록 상은 더 어두워진다. 이 때문에 더 큰 집광력이 필요하게 될 뿐만 아니라 이미지가 흔들리는 것을 방지하기 위한 도구도 필요하다. 이미지가 안정된 쌍안경은 성능이 좋지만 값비싸다는 단점이 있다.

천체망원경은 반사 망원경과 굴절 망원경(52~53쪽 참조)이 있다. 그 두 가지를 모두 합친 망원경들이 인기가 있기는 하지만 좀 더 성능이 좋은 천체망원경은 반사 망원경이다.

저렴한 망원경들은 가끔 큰 대물경을 가진 것으로 오해받도록 광고한다. 성능이 떨어지는 대물경의 이면에는 조리개가 있는데, 이는 중앙 부분 렌즈의 유효지름을 떨어뜨리는 고리이다. 이것은 상의 몇 가지 결점을 제거하는 역할을 하지만 또한 광고에 제시된 크기에 비해 더 어두운 상을 제공한다는 단점도 따른다.

여러분이 천문학에 관심이 많을수록 점점 더 많은 장비가 필요해질 것이다. 이는 다음과 같다.

* 삼각대.
* 각기 다른 배율을 제공하는 다양한 아이피스.
* 망원경 부착 카메라.
* 천체의 움직임을 따라가며 망원경을 움직여주는 모터.
* 컴퓨터로 조정되는 망원경. 사용자가 보고자 하는 천체의 이름이나 위치를 키보드로 입력하면 화면에 망원경을 수동으로 움직이는 방법이 나타나거나 모터를 이용하여 자동으로 움직인다.

일반적인 디지털카메라나 특별한 천체카메라는 망원경에 연결될 수 있다. 상은 밤새도록 몇 시간 동안 촬영될 수 있다.

보통의 쌍안경은 안드로메다은하 같이 어둡고 넓게 퍼진 천체들을 더 크고 더 밝게 보이도록 만들 수 있다.

제 2 장

돌파구

 바퀴 속의 바퀴

　고대 그리스의 어떤 사상가들은 지구는 자전하면서 우주 공간 속을 움직인다고 추측했다. 기원전 5세기에 철학자 필롤라오스는 지구뿐만 아니라 태양과 달 그리고 행성들이 중심에 있는 거대한 불덩어리 주위를 돌고 있으며 이 불덩어리는 지구가 항상 반대 방향을 향하고 있기 때문에 눈에 보이지 않는 것이라 여겼다. 기원전 3세기경 그리스 령의 사모스 섬에 살고 있던 천문학자이자 수학자 아리스타코스는 태양이 중심에 고정되어 있으며 지구와 다른 행성들이 그 주변을 돌고 있다고 가르쳤다. 그는 지구가 움직인다고 말했다는 이유로 불경죄로 고발당했다.

　사실 하늘의 움직임에 대해서는 아리스토텔레스가 기원전 4세기경에 영향력 있는 이론을 제시했다. 그의 우주론에 따르면 하늘은 서로 연결된 12개의 구로 구성되어 있으며, 각각의 규칙적인 원운동이 구에 고정된 행성들의 복잡한 운동을 만들어낸다고 생각했다.

　2세기경 고대의 가장 위대한 천문학자 프톨레마이오스는 우주에 대한 아리스토텔레스의 이론을 바탕으로 수학적인 체계를 만들었다. 그는 간단한 원운동을 결합하여 행성들의 복잡한 움직임을 만들어냈다. 각각의 행성들은 회전하지만 지구를 직접적으로 도는 것이 아니라 주전원이라고 불리는 각각의 원 궤도를 돌아가며, 주전원의 중심은 다시 지구 주위를 돌고 있다고 여겼다. 충분한 수정을 거친 후 프톨레마이오스 체계는 행성의 움직임을 그 이전의 어떤 것보다 더 잘 예측할 수 있게 되었고, 16세기까지 널리 받아들여졌다.

우주 이야기

행성의 움직임을 올바로 이해하기 위해서 프톨레마이오스는 각 행성의 원 궤도가 편향되도록, 다시 말해 행성에 따라 제각각 다른 정도로 지구 중심에서 벗어나게 해야 했다. 그럼에도 불구하고 나아지지 않았던 것은 행성들이 여전히 자신의 원 궤도를 속도가 변하면서 돌아야만 했는데 이것은 천체의 운동이 완전해야 한다고 믿는 사람들을 굉장히 불쾌하게 만들었다.

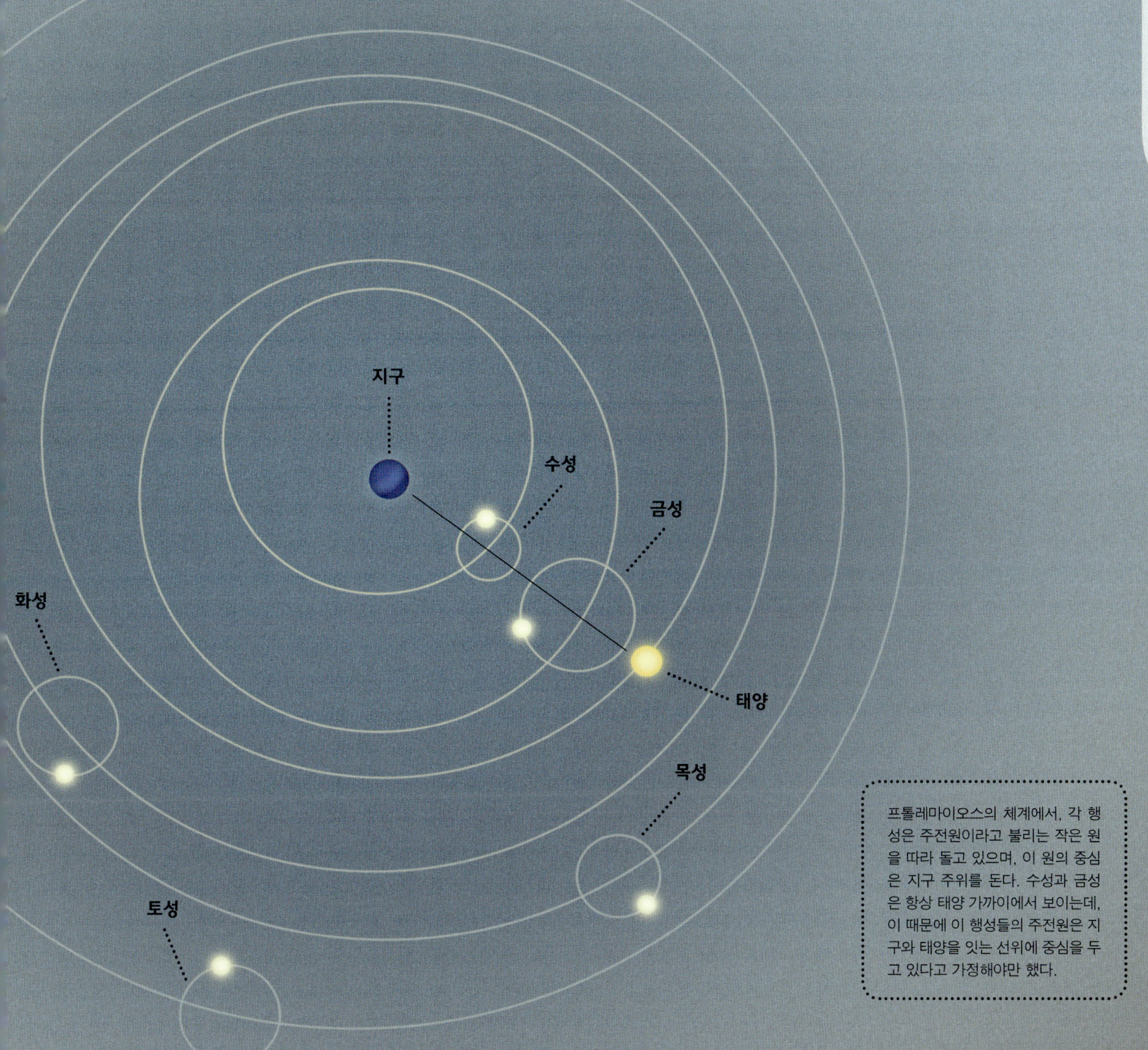

프톨레마이오스의 체계에서, 각 행성은 주전원이라고 불리는 작은 원을 따라 돌고 있으며, 이 원의 중심은 지구 주위를 돈다. 수성과 금성은 항상 태양 가까이에서 보이는데, 이 때문에 이 행성들의 주전원은 지구와 태양을 잇는 선위에 중심을 두고 있다고 가정해야만 했다.

 지구는 돈다

프톨레마이오스의 생각이 1300년 동안 지배해오던 가운데 15세기경, 폴란드의 성직자 니콜라우스 코페르니쿠스가 천문학을 바꾸면서 과학혁명이 시작되었다.

코페르니쿠스는 프톨레마이오스가 도입한 원이나 주전원을 반대한 게 아니라 행성들이 비균일한 속도로 돈다는 프톨레마이오스의 생각을 비판했다. 그는 태양을 우주의 중심이나 그 근처로 고정시키면 전체 체계가 훨씬 더 간단해질 것이라는 이론을 완성하기 위해 태양을 중심에 벗어난 위치로 이동시켜야 했다. 코페르니쿠스는 행성의 운동을 기술하는데 오직 완전한 원만을 사용했기 때문에 프톨레마이오스보다 훨씬 더 많은 주전원을 사용해야 했다.

비록 세부적으로 보면 코페르니쿠스의 체계는 프톨레마이오스의 것만큼이나 복잡했지만, 태양계의 전체적인 그림을 단순화시키는 데 중요한 진전을 이루었다.

- 수성과 금성의 궤도는 지구 궤도 안쪽에 있다. 이것은 왜 두 행성이 항상 태양 가까이 보이는지를 설명해준다.

- 바깥쪽 행성들은 때때로 속도를 늦추고 또 반대로 움직이는 것처럼 보인다(이것을 역행이라 한다). 이런 일은 행성이 태양과 하늘 반대쪽에 위치할 때만 발생하는데, 프톨레마이오스는 그 이유를 설명하지 못한다. 그러나 코페르니쿠스의 태양중심설은, 이것은 지구가 천천히 움직이는 바깥쪽의 행성들을 추월하기 때문이라고 설명한다.

코페르니쿠스는 태양중심설을 강의하기는 했지만, 자신이 죽던 해까지 그 체계를 출판하지는 않았다. 코페르니쿠스의 이론은, 다음 세기에 교회가 태양중심설을 가르치는 것을 금지할 때까지 자유롭게 토론되었다.

우주 이야기

코페르니쿠스의 태양중심설에서는, 역행 운동을 관측함으로써 행성들의 궤도의 상대적 크기를 쉽게 가늠할 수 있었다. 따라서 목성은 지구와 태양 사이의 거리보다 5배나 더 멀리 있다는 것을 알았다. 하지만 여전히 그 시대의 어느 누구도 실제거리를 계산할 수는 없었다.

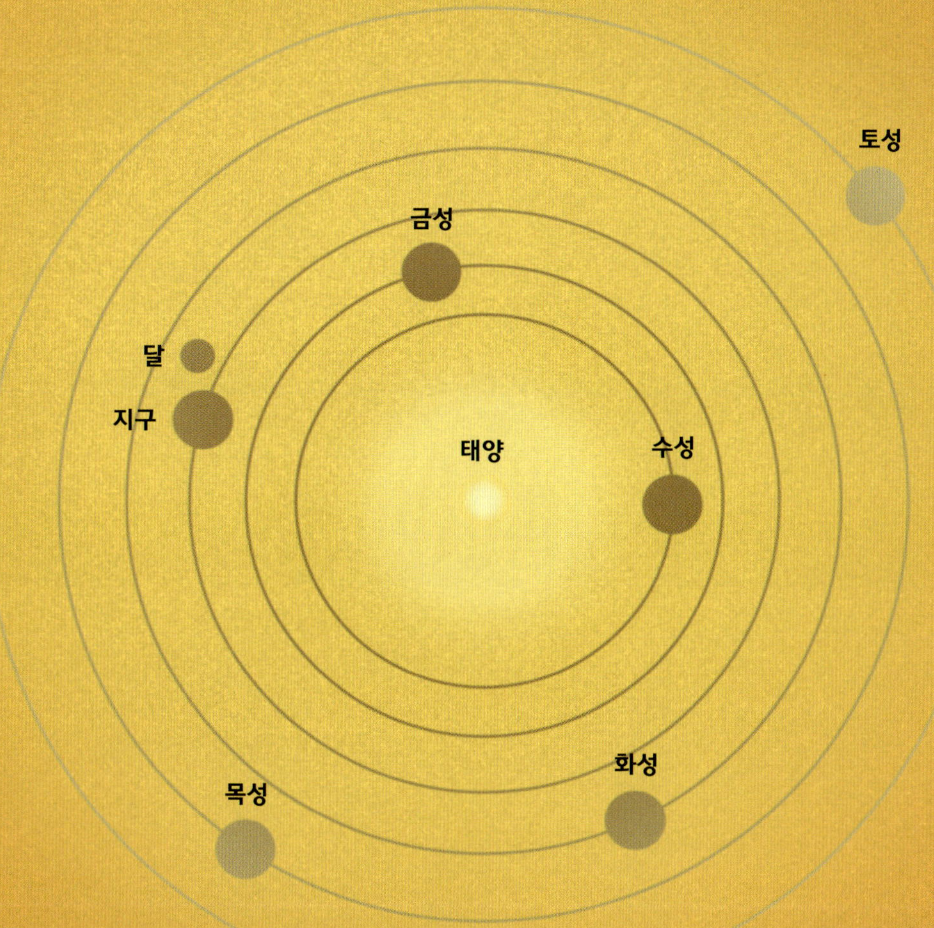

코페르니쿠스의 체계에서, 태양은 태양계의 영주이다. 모든 행성들은 태양 주위를 돌고, 오직 달만이 지구 주위를 돌고 있다.

 행성들의 법칙

독일의 천재 천문학자 요하네스 케플러는 1600년에 티코 브라헤의 조수로 일하기 시작했다. 최후의 그리고 가장 위대한 육안 관측천문학자였던 브라헤가 사망하자 케플러는 브라헤의 매우 정확한 관측기록을 넘겨받아, 행성의 움직임에 관한 세 가지 법칙을 발표했다.

⋯⋗ 케플러의 제1법칙은 천문학자들이 천 년 넘게 지속해온 완전한 원 궤도에 대한 집착을 깨뜨렸다. 이 법칙은 모든 행성은 타원, 다시 말해 찌그러진 원을 따라 움직인다고 말한다. 태양은 타원의 중심에 위치하지 않을 뿐 아니라 한쪽으로 기울어진 초점에 위치한다.

⋯⋗ 제2법칙은 행성과 태양을 잇는 선은 같은 일정 시간 동안 똑같은 면적을 휩쓸고 지나간다는 것이다. 이것이 의미하는 바는 행성은 태양 근처에 갔을 때 더 빨리 움직인다는 것이다(그림 참조).

⋯⋗ 제3법칙은 행성이 태양 주위를 도는데 걸리는 시간, 다시 말해 행성의 1년과 태양으로부터의 거리를 연결짓는다.

행성 움직임에 대한 케플러의 묘사는 근본적으로 새로운 것이었으며, 간단하고 우아했다. 이제 오직 필요한 것은 왜 행성들이 이렇게 움직이는지 설명하는 것이었다.

우주 이야기

케플러가 집필한 《꿈》이 아마도 최초의 공상과학소설이 아닐까 한다. 한 천문학자가 마녀인 어머니의 도움을 받아서 달나라로 여행을 떠나는 내용으로, 이 이야기는 케플러의 어머니에 관한 논란을 불러 일으켜 마녀 재판까지 받아야 했다. 이에 케플러가 어머니를 변호했고 그녀는 풀려날 수 있었다.

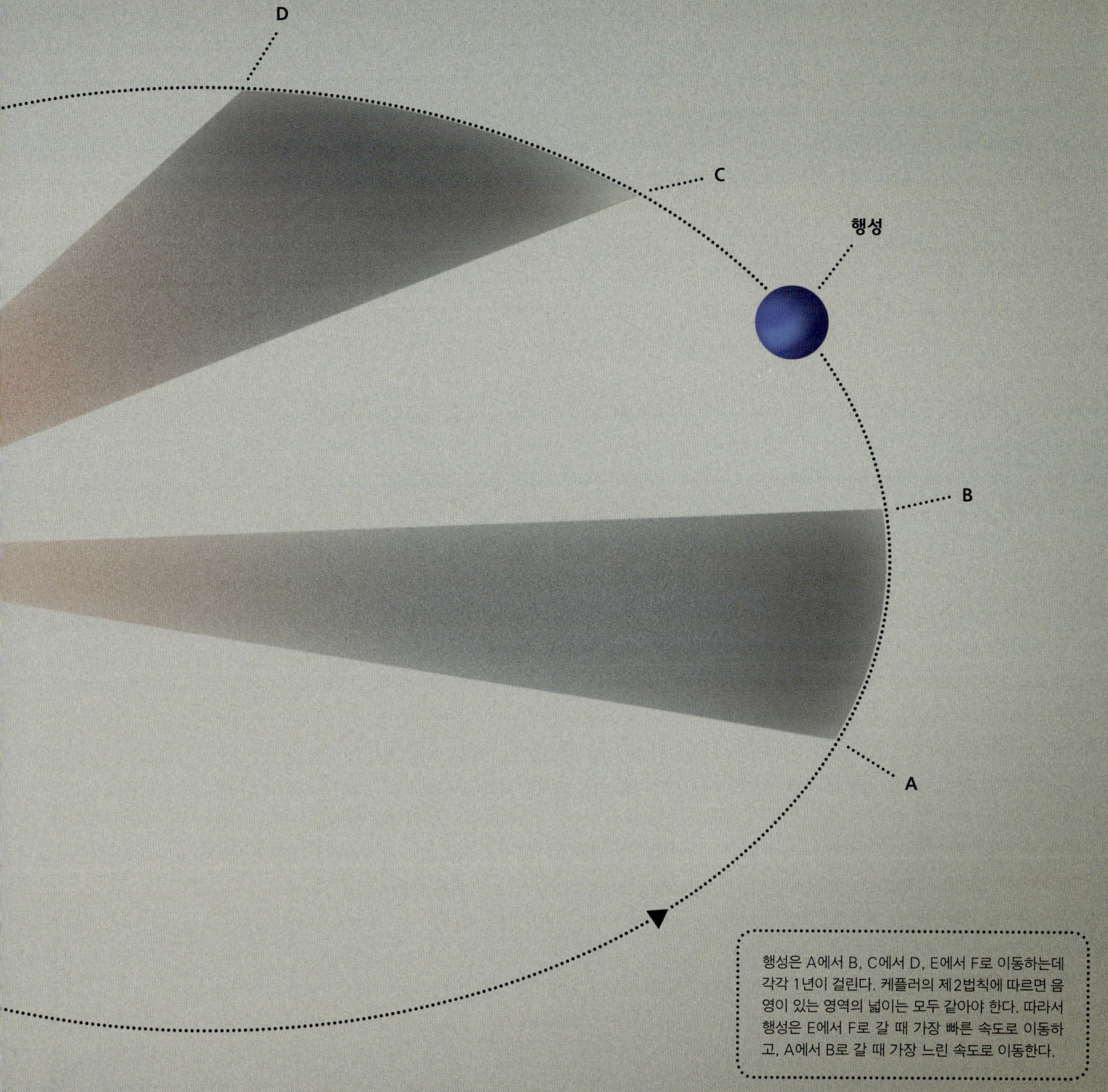

행성은 A에서 B, C에서 D, E에서 F로 이동하는데 각각 1년이 걸린다. 케플러의 제2법칙에 따르면 음영이 있는 영역의 넓이는 모두 같아야 한다. 따라서 행성은 E에서 F로 갈 때 가장 빠른 속도로 이동하고, A에서 B로 갈 때 가장 느린 속도로 이동한다.

02.04 하늘을 보는 망원경

1609년 플로렌스의 물리학 교수 갈릴레오 갈릴레이는 네덜란드의 안경 제작자가 새로운 장비를 발명했다는 소식을 듣게 되었다. '망원경'이라 불리는 이 장비는 원통관 안에 렌즈를 끼운 것으로, 소문에 의하면 아주 먼 거리에 있는 물체를 마치 가까이에 있는 것처럼 보이게 한다는 것이었다. 이 설명 하나만 듣고 갈릴레오는 스스로 망원경을 제작했다. 그리고 망원경을 하늘로 향했다. 고대의 물리학과 천문학이 여전히 통용되던 전쟁터에서 그는 엄청난 무기를 얻은 것이다.

다음은 갈릴레오가 발견한 사실 중 몇 가지이다.

⋯⋙ 하늘은 육안으로 보기에는 너무 어두운 수만 개의 별들로 가득 차 있다. 고대인들은 이것에 대해 아무것도 모르면서 어떻게 숭배할 생각을 했을까?

⋯⋙ 금성은 달처럼 모양이 변하는데, 이는 금성 역시 태양 중심으로 돌고 있다는 것을 의미하며 프톨레마이오스가 생각했던 지구와 태양의 관계와는 다르다.

⋯⋙ 모두가 완전하다고 생각했던 태양에는 흑점들이 있다.

⋯⋙ 4개의 위성들이 목성 주위를 돌고 있다. 이는 고대 사람들이 전혀 생각하지 못한 것이다.

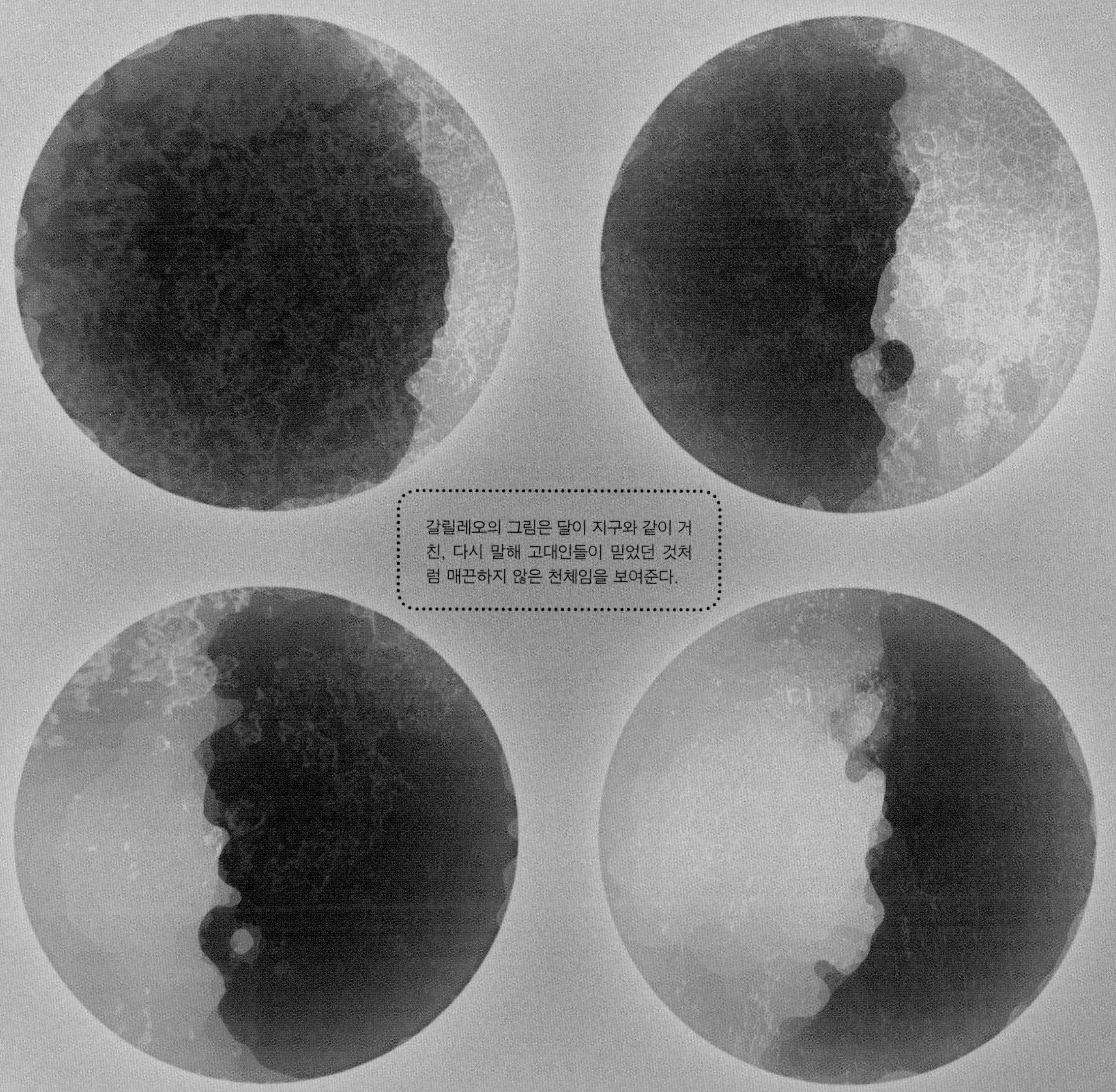

갈릴레오의 그림은 달이 지구와 같이 거친, 다시 말해 고대인들이 믿었던 것처럼 매끈하지 않은 천체임을 보여준다.

 중력

    코페르니쿠스와 케플러 그리고 갈릴레오의 발견들은, 아이작 뉴턴이 1687년 중력법칙을 발표한 후에야 모두 이해할 수 있게 되었다.

    우주에 있는 모든 물질은 서로 끌어당긴다는 뉴턴의 이론은 당시에 믿기 어려운 주장이었다. 그는 지구뿐만 아니라, 달과 태양 그리고 행성들도 우리를 끌어당기고 있다고 했다. 다만 천체들이 너무 멀리 있어 끌어당기는 효과를 알아차리지 못하고 있을 뿐이라는 것이다.

    또한 태양계의 모든 천체들 역시 서로 끌어당긴다는 이론은 갈릴레이가 발견했던 사실, 다시 말해 목성이 그 주변을 돌고 있는 행성들을 계속 그 주변에 머무르게 할 수 있는 이유를 설명해주었다. 따라서 태양과 지구도 서로를 끌어당기지만 지구가 태양 주위를 돌고, 태양이 지구를 돌지 않는 이유는 태양이 훨씬 더 큰 질량을 갖고 있기 때문이다.

    천체의 질량은 대략적으로 천체 안에 있는 물질의 양과 같다. 이 사실은 다음 두 가지를 설명한다. 첫 번째는 어떤 물체가 다른 물체를 얼마나 강하게 중력적으로 끌어당기느냐 하는 것이고, 두 번째는 물체가 움직이는 데 얼마나 저항하느냐 하는 것이다. 거대한 질량 때문에 태양은 끌어당기는 강한 중력과 끌어당겨지지 않으려는 저항력을 함께 가지고 있지만 그럼에도 불구하고 지구를 포함한 모든 행성들의 끌어당기는 중력 때문에 조금씩 흔들리고 있다.

우주 이야기

1798년 괴짜 영국 귀족 헨리 캐번디시가 납으로 만든 커다란 한쌍의 구와 막대에 매달려서 흔들리는 작은 한쌍의 구 사이에 끌어당기는 인력을 측정하여 세상의 무게를 재려고 했다. 그는 지구 중력에 의한 미약한 효과를 비교하여 현재 우리가 알고 있는 값$(5.9742 \times 10^{24} \mathrm{kg})$의 1% 오차 이내로 지구의 질량을 측정하였다.

뉴턴의 중력법칙은 한 물체는 다른 물체를 끌어당긴다고 말한다.

* 질량 m_1 크기에 비례하여 증가한다.
* 질량 m_2 크기에 비례하여 증가한다.
* 거리의 제곱, r^2 에 따라 감소한다(만약 r 을 두 배로 하면, 힘은 1/4로 줄어든다. 만약 r 을 세 배로 하면, 힘은 1/9로 줄어든다. 이런 식으로 계속된다).

G 는 중력상수라 불리는 상수이다.

두 물체 사이의 인력은 서로를 끌어당긴다. 여기에 만약 옆쪽으로의 움직임도 갖고 있다면, 우주의 별들과 행성들 그리고 다른 천체들처럼 아마도 서로의 주위를 돌게 될 것이다.

key

F = 두 질량 사이의 힘
G = 중력상수
m_1 = 첫 번째 질량
m_2 = 두 번째 질량
r = 두 질량 사이의 거리

 # 망원경의 작동 원리

렌즈를 사용하는 망원경은 굴절 망원경 혹은 굴절기라 불린다. 이는 빛을 굴절시키거나 구부리기 위해서 렌즈를 사용하기 때문이다. 주렌즈는 대물렌즈라 불리고 보조렌즈는 아이피스 안에 쓰인다. 갈릴레오의 위대한 발견을 도운 망원경은 단지 두 개의 렌즈로 구성되었으며 질이 떨어지는 상을 만들어냈음에도 20배 가까이 확대가 가능했다.

초기의 굴절 망원경은 상의 질이 좋지 못했다. 그중 첫 번째 문제는 단일렌즈를 사용하면 색수차가 생기는 것이었다. 결론적으로 이 문제는 다른 종류의 유리들을 모아 렌즈를 만들면서 극복되었다. 또한 아이작 뉴턴이 렌즈 대신 거울을 사용하는 굴절 망원경을 발명해 큰 진전을 이뤘다. 거울은 색 분산을 시키지 않기 때문에 뉴턴은 대물렌즈 대신 오목거울을 사용하여 상을 맺게 하고, 접안렌즈를 통해서 상을 관측했다.

굴절 망원경

가장 간단한 굴절 망원경은 두 개의 렌즈로 이루어진다. 첫 번째 볼록렌즈는 물체에서 나오는 빛을 초점에 모아주고, 두 번째 렌즈는 접안렌즈가 된다. 갈릴레오의 망원경은 하나의 오목렌즈를 접안렌즈로 사용했지만, 접안렌즈는 여러 개의 렌즈를 조합하여 사용할 수도 있다.

반사 망원경

가장 간단한 반사 망원경은 오목거울을 사용하여 물체에서 나오는 빛을 초점에 모은다. 평면거울이 경통 밖으로 나오는 빛의 방향을 바꾸고, 접안렌즈는 경통 옆면에 설치된다.

우주 이야기

가장 큰 망원경들은 천문학자들이 사용한 것이었다. 대부분 반사 망원경으로, 거울은 뒤에서 전체 면을 지지할 수 있었기 때문이었다. 같은 크기의 지름을 갖는 렌즈는 그 둘레에서만 지지될 수 있어서, 렌즈 자체 무게로 인해 뒤틀렸다.

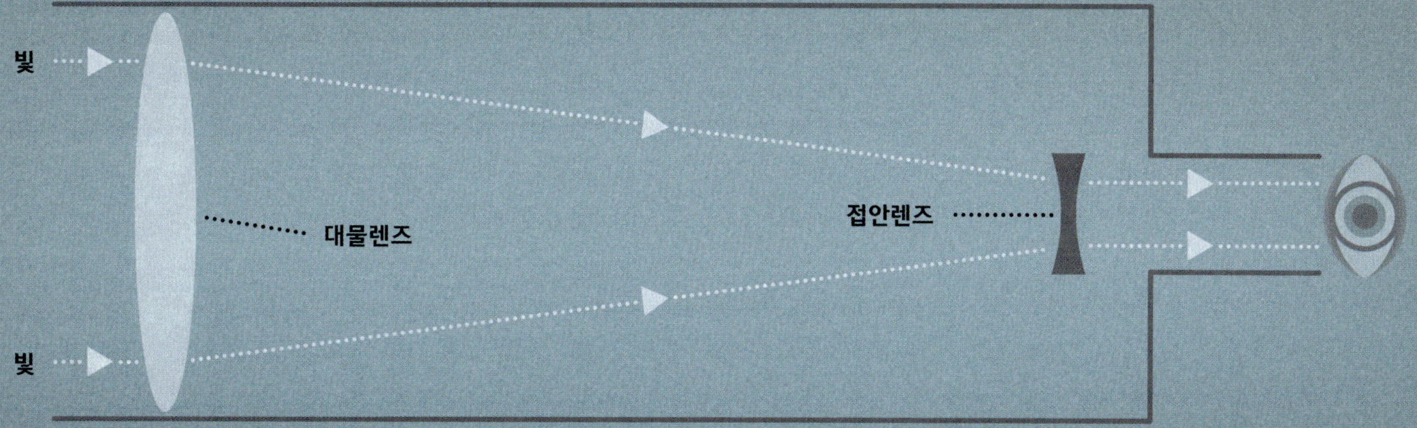
빛
빛
대물렌즈
접안렌즈

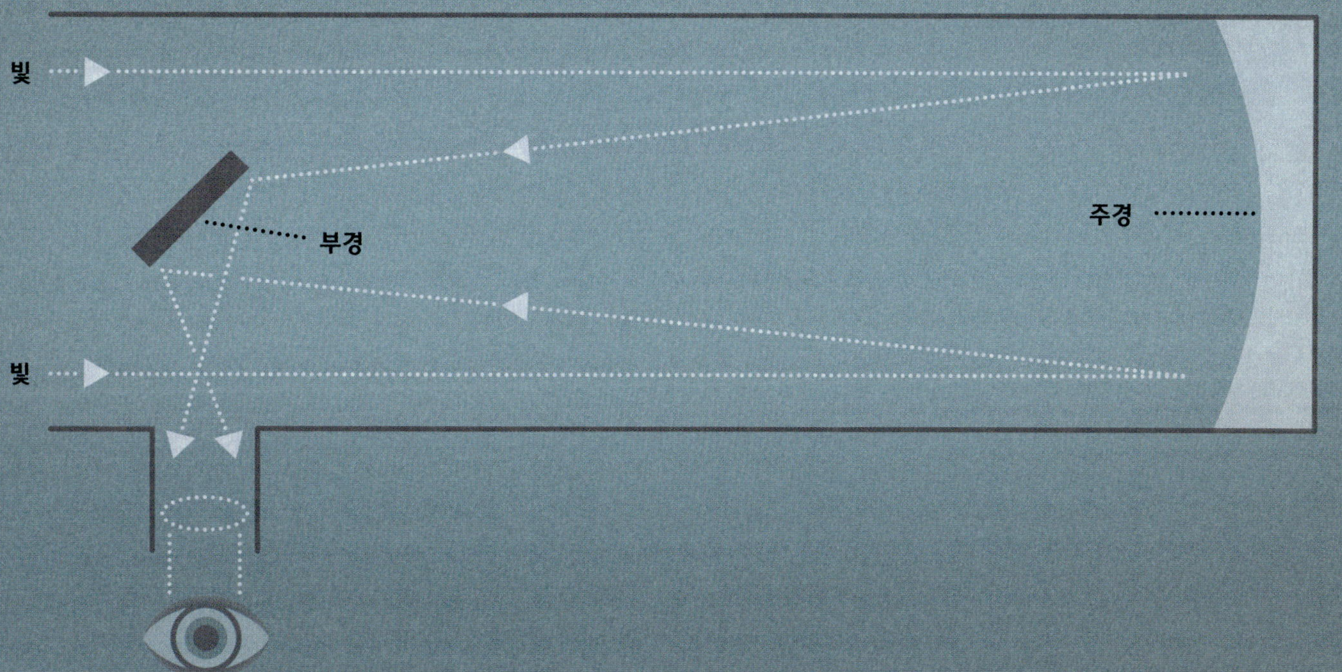
빛
빛
부경
주경

 천왕성 : 첫 번째 새로운 행성

　　1781년에 망원경은 새로운 별들과 위성들을 찾아내는 개가를 이루어냈다. 새로운 행성의 발견 소식은 곧 널리 퍼졌다.

　　1738년 독일 하노버에서 프리드리히 빌헬름 허셜이란 이름을 가지고 태어난 윌리엄 허셜은, 19살부터 영국에서 살기 시작해 세상에서 가장 위대한 천문 관측자가 되었다. 망원경으로 보면 어떤 '별'이 아주 흐릿한 원반처럼 보인다는 것을 발견한 허셜은 이를 혜성이라고 발표했다. 하지만 몇 년이 지나지 않아서 다른 천문학자들을 포함해 허셜 자신도 이것이 새로운 행성이 틀림없다고 단정하게 된다. 그 행성의 이름은, 많은 논란 끝에 천왕성이라는 이름을 갖게 되었다.

　　새로운 행성은 겨우지만 육안으로 볼 수 있고 어두운 별들의 무리와 구분되지 않았다. 또 거의 기어가는 속도로 움직여서 하늘을 한 바퀴 도는데 인간의 수명만큼이나 오랜 시간이 걸려 별들 사이의 움직임을 알아채기가 어려웠다.

허셜은 새 행성의 이름으로 조지의 별이라는 뜻의 라틴식 이름 '시둠 게 오르기움'을 제안했는데, 당시의 영국 국왕 조지 3세의 이름을 딴 것이 었다. 이 공로로 기사 작위와 수당을 받고 '왕의 천문학자'라는 명예를 얻었지만 다른 나라의 천문학자들은 이 이름을 탐탁지 않게 생각하여 결국 천왕성이라는 이름으로 자리 잡았다.

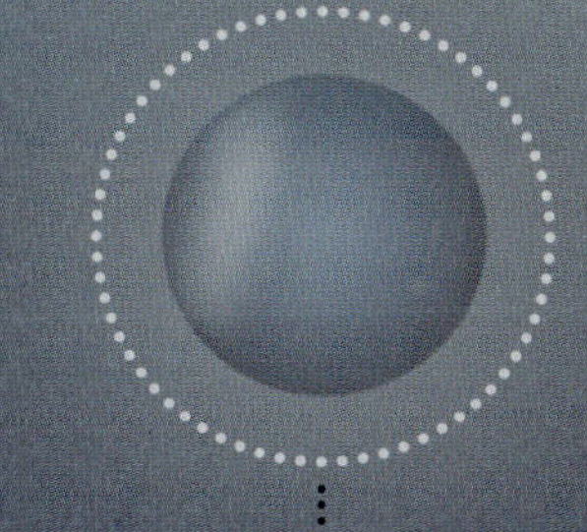

허셜이 보았을 때, 천왕성은 작고 푸른, 특징이 없는 원반처럼 보였다.

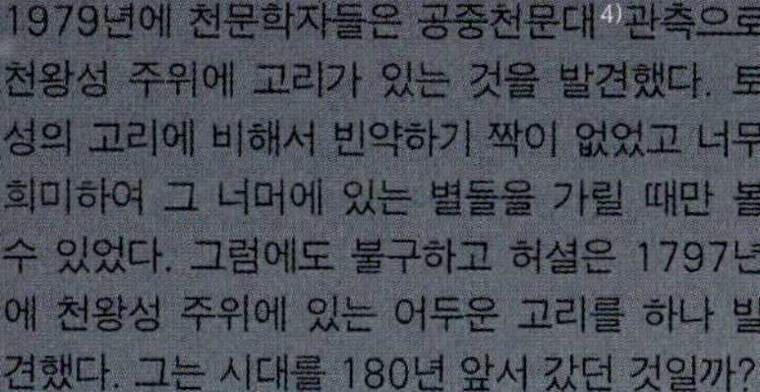

1979년에 천문학자들은 공중천문대[4] 관측으로 천왕성 주위에 고리가 있는 것을 발견했다. 토성의 고리에 비해서 빈약하기 짝이 없었고 너무 희미하여 그 너머에 있는 별들을 가릴 때만 볼 수 있었다. 그럼에도 불구하고 허셜은 1797년에 천왕성 주위에 있는 어두운 고리를 하나 발견했다. 그는 시대를 180년 앞서 갔던 것일까?

4) 고공 경찰기를 개조한 카이퍼 공중천문대(역자 주)

 소행성 : 하늘의 해충

  18세기가 끝날 무렵, 태양계에서 화성과 목성 궤도 사이에 커다란 공백이 있는 것처럼 보였다. 25명의 천문학자들로 구성된 국제그룹이 하늘의 어둡고 발견되지 않은 행성들을 수색하기 위해 '천체 경찰'이라는 이름으로 조직되었다. 그러나 대부분의 범죄 스릴러들이 그렇듯, 천체 경찰마저도 라이벌 탐정에게 당하게 된다. 1801년 이탈리아의 성직자 쥬세페 피아치가 로마신화의 곡물의 여신 이름을 딴 아주 작은 천체 '세레스'를 발견했다. 그리고 그 뒤를 이어 천체 경찰은 좀 더 작은 천체들을 발견했으며 현재는 자동화된 시스템을 통해 매년 수많은 소행성들이 발견되고 있다.

우주 이야기

나중에는 카메라가 소행성 찾기에 합류하였는데, 첫 번째로 개가를 올린 것은 1891년이었다. 황도(행성들과 대부분의 소행성들이 움직이는 띠 모양의 길) 가까운 하늘 사진들은 곧 수많은 소행성들의 흔적으로 채워졌고 '하늘의 해충'이라 불리게 되었다.

티티우스-보데의 법칙

독일인 천문학자 요한 티티우스(1766년)과 요한 보데(1772년)는 간단한 법칙을 발견했다. 태양으로부터 행성(당시는 토성
까지 알려져 있었다)까지의 평균거리를 기술하는 티티우스-보데 법칙의 수열은 다음과 같이 계산된다.

* 숫자 0과 3으로 시작한다.
* 앞의 숫자를 2배한 숫자가 이어진다: 0, 3, 6, 12, 24, 48, 96, 192, 384, 768
* 각 숫자에 4를 더한다 : 4, 7, 10, 16, 28, 52, 100, 196, 388, 772
* 10으로 나눈다.

그 결과는 천문단위 ^{AU}로 나타낸 거리와 상당히 근사하게 맞아떨어졌으며, 화성과 목성 사이의 공백 역시
잘 맞아 떨어졌다. 또한 1781년 이 법칙대로 천왕성이 꼭 맞는 거리에서 발견되자 천문학자들도 관심
을 가지게 되었고, 1801년에 첫 번째 소행성 세레스가 발견되면서 진가는 확실히 확인되었다. 그러
나 1846년에 발견된 해왕성까지의 거리는 티티우스-보데 법칙의 39가 아니라 30AU로 밝혀졌
다. 그리고 1930년에 발견된, 오랫동안 행성으로 간주되어온 명왕성에 대한 예측이 실패하면서
오늘날 어떤 천문학자들도 이 법칙을 심각하게 받아들이지 않는다.

1천문단위(AU)는 지구와 태양 거리로 정의되는
데, 약 149,597,871km 이다.

티티우스-보데
법칙 거리

실제 거리

목성

TBR 5.2

AU 5.20

토성

TBR 10.0

AU 9.54

천왕성

TBR 19.6

AU 19.2

해왕성

TBR 38.8

AU 30.06

명왕성

TBR 77.2

AU 39.44

 # 보이지 않는 빛

무지개를 보면 알 수 있지만, 자연은 태양빛을 여러 가지 색으로 분산시킨다. 19세기 과학자들은 태양빛 광선을 프리즘이라 부르는 삼각형 모양의 유리블록을 통과시켜 똑같은 결과를 얻었다. 프리즘을 빠져나오는 빛은 스펙트럼이라 부르는 색깔의 띠로 펼쳐졌다.

1801년에 천왕성을 발견한 천문학자, 윌리엄 허셜은 빛의 색깔에 따른 가열 효과를 연구하고 있었다. 그는 온도계를 스펙트럼의 끝인 빨간빛 바깥, 빛이 보이지 않는 곳에 놓았을 때 가열 효과가 가장 강한 것을 발견하고는 깜짝 놀랐다. 이 보이지 않는 빛은 나중에 적외('빨간색 빛 아래쪽')선이라고 불리게 되었다.

빛은 파동으로 구성된다. 가시광 중에서 가장 짧은 파장은 스펙트럼의 끝인 보라색 빛(380나노미터)이며, 가장 파장이 긴 빛은 붉은색 빛(약 700나노미터)이다. 적외선 빛의 파장 범위는 여기서부터 약 1밀리미터(순전히 임의적으로 지정한 지점)이다. 더 긴 파장을 가진 복사선들도 발견되었는데, 이들은 마이크로파와 전파이다.

1801년 스펙트럼의 끝 보라색 빛 너머에서도 보이지 않는 빛이 발견되었다. 독일의 과학자 요한 리터는 보이지 않는 광선은 특정 화학물질을 어둡게 만든다는 사실을 발견했다. 자외선 너머로 X선이 발견되었고, 그보다 한층 더 투과력이 좋은 감마선(방사선 형태로 방출됨)이 등장했다.

우주 이야기

눈에 보이는 스펙트럼 너머에 있는 가시광과 보이지 않는 복사선은 오늘날 전자기복사(EM)로 묘사되는데, 이는 이들이 전기적이고 자기적인 효과를 가지며, 전기적이나 자기적 수단에 의해 방출될 수 있기 때문이다. 천문학에서 전자기(EM) 스펙트럼의 각 파장대는 자신의 고유한 감지기를 가지고 있는데, 이는 우주의 새로운 측면을 보여주는 것이다.

백색광은 여러 가지 다른 파장(색깔들)의
혼합체로 프리즘에 의해서 분리될 수 있
다. 또한 자외선과 적외선 파장대의 보
이지 않는 파장을 포함하고 있다.

 우주에서의 거리 측정

　1908년 메사추세츠 주 하버드 대학 천문대는 컴퓨터가 있을 정도로 장비를 잘 갖추고 있었다. 그렇다고 그곳이 독보적으로 앞서 있었다는 것은 아니다. 그 당시 '컴퓨터'는 계산을 하기 위해 고용된 직위가 높지 않은 사람을 일컫는 용어였다. 헨리에타 리비트는 15년 동안 컴퓨터로 일하며 1777개 변광성들의 사진을 분석했다. 이 별들은 시간이 지나면서 밝기가 바뀐다. 어떤 변광성들은 뚜렷한 주기(최대에서 최대까지 시간)를 가지고 규칙적으로 밝아졌다가 어두워진다. 리비트는 밝은 별일수록 변광주기가 더 길다는 사실을 알아내고, 4년 후에 그 관계를 확정하였다. 이러한 별들은 케페이드 변광성, 혹은 간단히 '케페이드'라고 불리는데, 그런 별들 중의 하나인 케페우스자리 델타별의 이름을 딴 것이다.

　1913년 천문학자들은 특정한 케페이드 변광성까지의 거리를 측정하였다. 이는 겉보기 밝기(우리에게 보이는 밝기)로부터 실제 밝기를 측정할 수 있다는 뜻이었다. 계속해서 천문학자들은 헨리에타 리비트의 밝기-주기 관계로부터 어떤 케페이드 변광성이든지 실제 밝기를 계산해낼 수 있었다. 그리고 실제 밝기와 겉으로 보이는 밝기를 비교하여 그 별이 얼마나 멀리 떨어져 있는지 알아낼 수 있었다.

　천문학자들은 이 새로운 거리측정법을 사용하게 되면서, 우주가 생각보다 훨씬 더 크다는 사실을 알게 되었다.

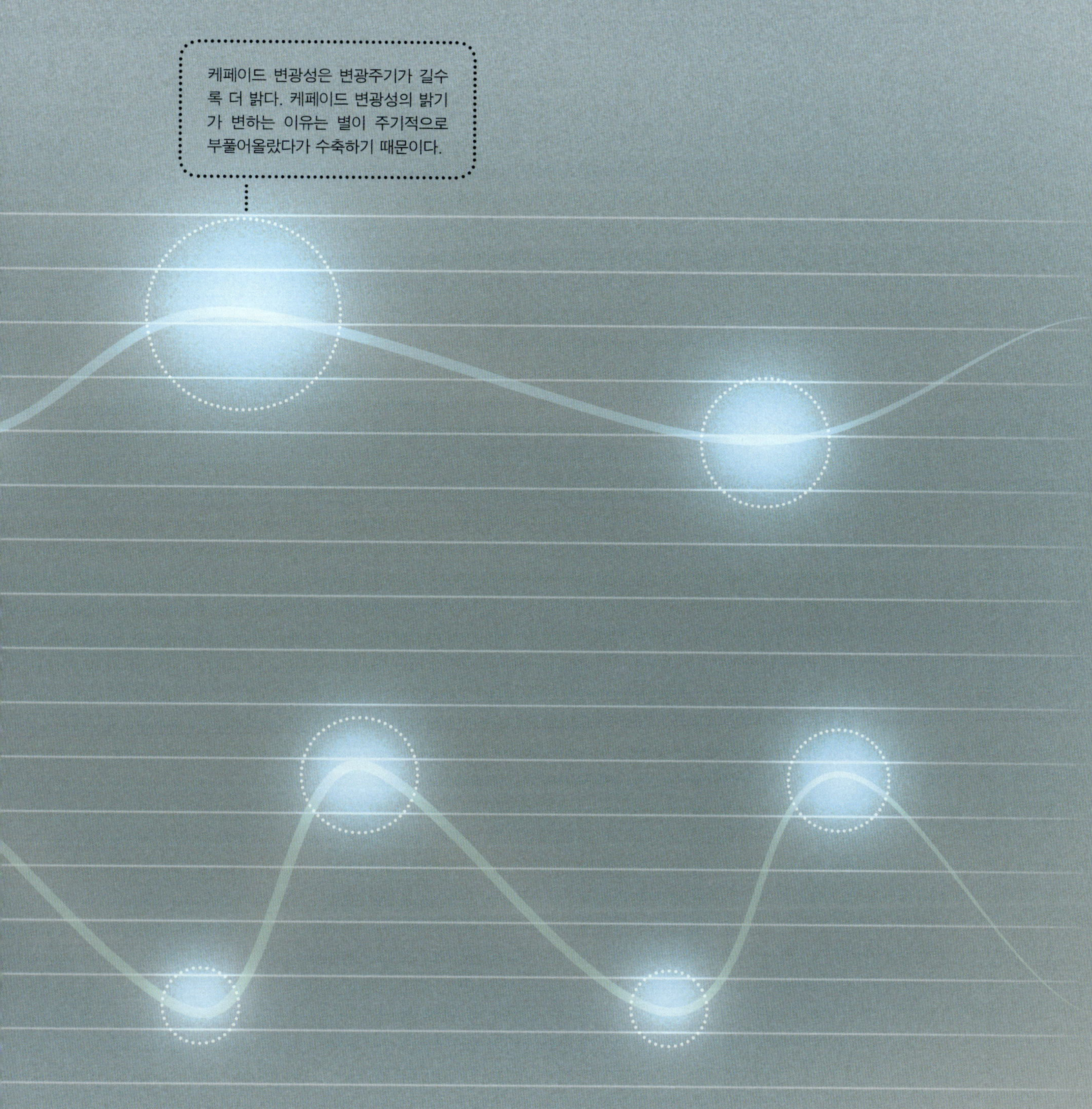
케페이드 변광성은 변광주기가 길수록 더 밝다. 케페이드 변광성의 밝기가 변하는 이유는 별이 주기적으로 부풀어올랐다가 수축하기 때문이다.
밝기
주기

02. 11 섬 우주

'대논쟁The Great Debate'은 1920년대 천문학계에서 벌어졌던 논쟁에 붙여졌던 제목이다. 미국인 천문학자 할로 섀플리와 허버 커티스는 이 논쟁의 정반대편에 서 있었다. 섀플리가 주장하는 대로, 은하수가 전체 우주를 대표하는가? 아니면 커티스의 주장대로, '성운'이라고 불리는 흐릿한 빛의 파편들 중 일부는 성운이 아니라 실제로는 우리 은하수 너머 멀리 있는 또 다른 은하수, 즉 '섬 우주'인가?

성운이 발견된 이후, 성운에 대한 초기 이론은 별들이 태어나는 장소라는 것이었다. 이것은 일부는 맞는 이야기이지만 일부는 아니었다. 예를 들어, 1917년 허버 커티스는 안드로메다대성운 (역자 주: 현재는 은하로 알고 있지만 그 당시는 성운으로 불렸다) 속에서 11개의 신성과 폭발하는 별들을 발견했다. 그러나 이들은 모두 굉장히 흐릿했다. 만약 실제로 이들이 다른 성운에 비해 더 흐릿한 것이 아니라면, 안드로메다대성운은 아주 멀리 있는 것이 틀림없었다.

케페이드 변광성(60~61쪽 참조)을 이용한 헨리에타 리비트의 새로운 거리측정법으로 무장한 에드윈 허블은 캘리포니아의 윌슨 산에서 수십 개의 성운 속 별들의 거리를 측정했다. 그는 별들이 정말로 수백만 광년이라는 어마어마하게 먼 거리에 있다는 사실을 확인했다. 다른 사람들도 이전에 비슷한 주장을 했지만, 허블은 이를 가장 확고하게 증명해냈다.

이후 안드로메다자리에 있는 대성운은 우리 은하수와 마찬가지로 별들과 가스 그리고 먼지층으로 이루어진 은하라는 것이 분명해졌으므로, 안드로메다대은하로 이름이 바뀌었다. 케페이드 변광성의 주기와 밝기 사이의 올바른 관계는 몇 십 년 뒤에 정리되었고, 안드로메다은하는 우리 은하수로부터 250만 광년 이상 떨어져 있는 것으로 밝혀졌다.

우주 이야기

안드로메다자리의 나선성운[5]까지의 거리를 측정하는데 최초로 성공한 후, 허블은 할로 섀플리에게 편지를 보냈다. 섀플리는 사무실에서 그 편지를 읽은 후 동료에게 이렇게 말했다.
"여기 내 우주를 박살낸 편지가 왔네."

5) 역자 주: 그 당시의 성능이 좋지 않은 망원경으로는 안드로메다은하가 나선 모양의 성운으로 보여 나선성운이라고 불렸다.

안드로메다은하

에드윈 허블은 안드로메다자리에 있는 커다란 '성운'이 상대적으로 가까운 곳에 있는 가스 구름이 아니라 우리 은하수처럼 방대하고 먼 거리에 있는 별들과 가스 그리고 먼지층들이 모인 집합체라는 것을 알아냈다.

02.12 팽창하는 우주

에드윈 허블은 스펙트럼을 분석해 은하가 얼마나 멀리 떨어져 있고 어떻게 움직이는지 알아냈다. 천체가 내는 빛이 천체를 둘러싼 기체를 통과하면 스펙트럼에 틈이 생기는데 이 빈틈은 스펙트럼을 가로지르는 검은 줄 모양으로 나타난다. 이러한 줄들은 특정 원자와 분자의 화학적 형태로 인식된다.

허블은 은하의 스펙트럼 속에 있는 검은 선들을 연구하여, 거의 모든 선들이 스펙트럼의 붉은(긴 파장)쪽 끝으로 치우쳐 있는 것을 발견했다. 빛의 파장은 우리에게 닿기 전에 늘어나서 스펙트럼 속 검은 선의 위치도 같이 이동된다. 만약 은하가 우리에게서 멀어지고 있다면 빛의 파동 역시 길어질 것이다. 허블은 다른 과학자들의 이견에도 불구하고 우주가 팽창한다고 주장했고 엄청난 논쟁 끝에 천문학계는 허블이 옳았다는 것을 인정했다.

허블은 멀리 있는 은하일수록 더 빨리 멀어진다는 사실을 발견했다. 만약 어떤 은하가 또 다른 은하보다 두 배 멀리 있다면, 두 번째 은하보다 두 배 더 빨리 멀어진다는 뜻이다. 허블이 측정할 수 있었던 가장 희미하고 가장 멀리 있는 은하들은 광속에 가까운 속도로 멀어지고 있었다.

우주 이야기

만약 여러분이 다른 은하에서 우주를 보게 된다면, 우리의 은하수가 여러분으로부터 멀어지고 있는 것을 볼 수 있을 것이다. 이는 다른 모든 은하들도 마찬가지이며 더 멀리 있는 은하일수록 더 빠른 속도로 멀어지는 것을 볼 수 있을 것이다. 또 어떤 특정 시간에 보이는 우주는 어떤 방향에서 보던 똑같을 것이다. 우주의 팽창에는 중심이 없는 것이다.

허블의 법칙

멀리 있는 은하일수록 우리로부터 더 빨리 멀어진다.

위쪽: 90억 광년 거리에 있는 은하들은 광속의 66%의 속도로 멀어진다.

중간: 60억 광년 거리에 있는 은하들은 광속의 44%의 속도로 멀어진다.

아래: 30억 광년 거리에 있는 은하들은 광속의 22%의 속도로 멀어진다.

주의: 가령 은하가 30억 광년 떨어진 거리에 있다고 말할 때, 이것은 우리가 보는 은하의 빛이 우리에게 도달하는 데 30억 광년이 걸렸다고 줄여서 말하는 것이다. 현재 이 은하는 30억 광년보다 더 멀리 있다.

 전파천문학: 하늘을 바꾸다

　대기는 빛(58~59쪽 참조)처럼 전파 또한 자유롭게 통과시킨다. 무선통신이 개발되면서, 이 전파 '창'을 통해 보이지 않는 우주를 관측할 수 있었다. 1933년 벨 전화연구소에서 일하던 미국 라디오 기술자 칼 잰스키는 우리 은하수 중심 방향에서 지속적으로 전파 잡음이 들려온다는 사실을 발견했다. 1937년에 일리노이 기술자 그로트 레버는 그의 뒷마당에 장치를 설치하고 우주에서 오는 전파를 수신하기 위해 노력했는데, 이것이 최초의 전파 망원경이 되었다. 형태는 밥그릇 모양의 반사체를 기울여 놓고 특정 방향에서 오는 전파를 초점에 설치한 수신기에 모으도록 되어 있었다.

　제2차 세계대전 이후, 새로 개발된 전파와 레이더 기술이 전파천문학이라는 이 새로운 영역에 적용되었다. 전파 망원경의 형태는 다양해, 어떤 것은 철망 구조였고 어떤 것은 막대 모양의 안테나를 커다랗게 늘어놓은 형태였으며, 어떤 것은 레버의 설계와 같은 조종 가능한 접시형태였다. 1957년 영국 체서 주 조드렐뱅크에 새로 건설된 조종 가능한 지름 76m짜리 전파접시는 최초의 인공위성이었던 소련의 스푸트닉 1호를 추적하면서 유명해졌다.

　전파천문학자들은 계속해서 펄서와 은하계의 나선팔들을 발견했으며, 은하계의 핵을 탐사하고 퀘이사와 활동은하에서 분출되는 에너지를 관측하였다. 지구 건너편에 있는 전파 망원경, 혹은 지구 궤도의 전파 망원경들로부터 오는 신호를 합성하면 지구 혹은 그 이상으로 큰 하나의 망원경에 의해서 만들어지는 영상처럼 상세한 이미지를 만들어낼 수 있다.

SKA (Square Kilometer Array)

SKA 건설은 2016년에 시작할 예정이다. 수천 킬로미터에 흩어져 있는 수천 개의 망원경으로 구성될 예정이며, 호주나 남아프리카 중 한 곳에 설치될 것이다. 망원경의 총 표면적은 1 평방 km (1/3 sq.mile)가 될 것이다. 또 엄청난 양의 데이터를 처리하려면 1억대의 휴대용 컴퓨터가 필요하게 될 것이다.

VLA (Very Large Array)

VLA는 뉴멕시코 주 사막의 철로 트랙 위에 설치된 조종 가능한 27대의 전파 망원경을 연결한 거대한 시스템이다. 이 27대의 망원경들은 영문자 Y의 형태로 배열되어 있는데, Y자 팔의 길이는 21km나 된다.

아레시보 망원경

세계에서 가장 큰 전파접시는 푸에르토리코 아레시보에 있는 화산 분화구 안에 설치되었다. 접시의 지름은 305m이고 고정되어 있으며 매일 지구의 자전에 맞춰 회전하면서 하늘을 관측하고 있다.

우주 이야기

우리는 하늘에서부터 전파를 수신하기만 하는 것이 아니라 전파 신호를 보낼 수도 있다. 전파천문학에서는 심지어 낮에도 유성의 빛나는 꼬리에서 반사되어 나오는 레이더파를 이용하여 유성을 추적할 수 있다. 레이더파는 토성의 고리에서도 반사되어 나오는데, 왕복하는데 두 시간이 넘게 걸린다. 레이더 메아리는 고리를 구성하고 있는 입자들의 조성과 크기에 대한 정보를 알려준다.

02.14 거대 망원경

에드윈 허블이 사용했던 가장 큰 망원경은 지름이 5.1m인 헤일 망원경이었다. 그로부터 60년 후 가시광천문학은 한층 더 강력해졌다(현재는 적외선천문학과 상호보완관계에 있다).

- 반사경 크기가 한층 더 커졌다: 하와이 마우나케아에 있는 일본의 수바루 망원경의 주경 지름은 8.2m이다.
- 보정 광학 기술은 큰 망원경의 반사경 모양을 바꾸기 위해 사용되는데, 1초에 수백 번씩 공기 난류로 인해 하늘의 물체가 반짝거리는 것을 상쇄시킨다.
- 망원경은 높은 산 위에 위치해 있는데, 대부분 대기 중의 연무나 오염보다 위쪽에 위치한다.

우주망원경

오늘날 망원경들은 서로 결합되어 더욱 선명한 이미지를 만들어낸다. 예를 들어, 하와이 마우나케아 산 정상에 있는 켁 망원경은 85m 거리로 서로 떨어져 있는 지름 10m짜리 두 반사경의 빛을 합쳐서 영상을 만들어낸다.

많은 망원경이 우주로 쏘아 올려졌다. 곧 허블 우주망원경을 이어받아 제임스 웹 우주망원경이 달 너머로 보내질 예정으로, 거대한 햇빛가리개로 보호되어 초냉각되는 6.5m 반사경을 장착하고 있다.

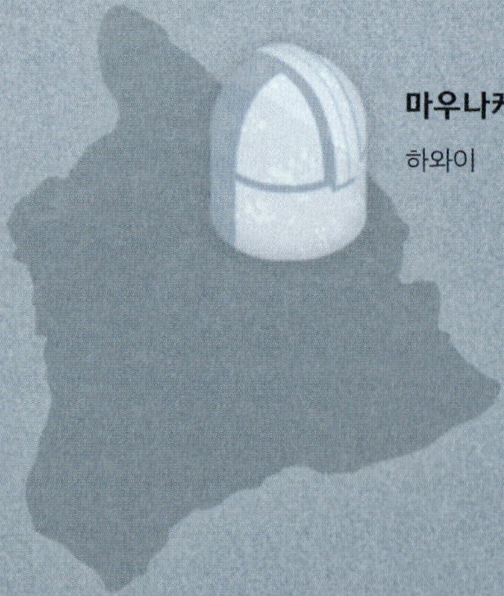

마우나케아
하와이

망원경 관측자들은 거대한 천문학 망원경의 접안렌즈 앞에 앉아 있지는 않는다. 카메라가 접안렌즈에 연결되어, 몇 시간 때로는 며칠 밤 동안 빛을 모아 이미지를 만들어내기 때문에 천문학자는 지구의 반대편에서도 망원경을 제어할 수 있다.

유럽 극대망원경(E-ELT)

계획 중인 E-ELT는 칠레 산 꼭대기에 설치되는 초거대 망원경이 될 것이다. 반사경의 지름은 42m로, 1000개의 거울로 구성될 것이다.

반사경은 조각들을 모아서 크게 만들 수 있다. 예를 들어, 카나리아 제도에 있는 GTC(카나리아 대형 망원경)의 반사경은 지름 10.4m로 36개의 조각 거울로 된 것이다. 각 부분은 1초에 수차례씩 각각의 모터에 의해 재정렬되는데, 이러한 기술을 보정 광학 기술이라고 부른다.

카나리아 대형 망원경

카나리아 제도

02.15 중성미자 탐지기 : 땅 밑의 천문학

관측소들은 최근 수십 년 동안 높은 산으로만 올라간 것이 아니라, 깊은 광산 속 지하로도 들어갔다. 수 킬로미터에 이르는 바위들이 관련 없는 복사선들을 차단하는 광산은 빛이 아닌 중성미자를 관측하기에 더없이 알맞은 곳이다. 이 유령 같은 입자들은 태양이나 다른 모든 별들의 심장부에서 일어나는 핵반응으로부터 상상할 수 없을 정도로 많은 양이 매초마다 쏟아져 나오고 있다. 중성미자는 믿을 수 없을 정도로 비사교적이어서, 반응확률이 50%인 조밀한 물질 속을 통과해갈 수 있다. 그러나 지구상에서는 이 중 아주 작은 일부만 반응하는 것을 관찰할 수 있다.

중성미자 관측소의 거대한 지하 체임버를 가득 채운 액체를 통과한 1000조의 1000조 배나 되는 중성미자 중에서 아주 작은 수만이 반응하여 빛의 섬광을 방출하며, 이는 광자 감지기로 감지할 수 있다.

그런데 1987년 전 세계의 중성미자 탐지기가 중성미자의 폭발을 감지했는데, 전부 합쳐서 24건이었다. 3시간 후 그 발생원이 가까운 이웃 은하인 대마젤란은하 안에서 발생한 초신성(거대한 별의 폭발)임을 알게 되었다.

지금 이 순간에도 수십억 개의 중성미자들이 우리 몸을 관통해 지나가고 있다. 하지만 걱정할 필요는 없다. 우리 몸은 중성미자들에게 있어 거의 완전히 투명한 존재여서 우리 몸속의 원자들과는 거의 반응하지 않기 때문이다. 우리는 일생 동안 겨우 두어 개 정도의 중성미자가 반응하여 가던 경로가 휘어질 뿐이다.

지하 중성미자 망원경은 지름 12m의 공 모양으로, 캐나다 광산 지하 2㎞에 물로 가득 채워진 방 안을 떠다니고 있다. 중성미자가 구 내부에 있는 780톤의 액체 안 분자와 반응할 때, 공 바깥을 둘러싸고 있는 9,600개의 감지기들 중 하나가 희미한 불빛을 감지한다. 중성미자는 태양 중심에서 광자(빛과 다른 모든 종류의 전자기 복사선의 입자)와 함께 계속 생성된다. 광자는 중도에 물질과 끊임없이 반응하면서 고군분투해 표면까지 올라오는데 백만 년이 걸린다. 중성미자들은 약 2초만에 태양을 빠져나온다.

그런데 30년 이상 태양에서 나오는 중성미자에 대해 의문이 제기됐다. 예상되는 양의 절반에도 못 미치는 양이었기 때문이다. 이는 태양이 예상 양 만큼의 중성미자를 생성하지만, 나오는 도중 일부가 바뀌어서 감지기가 검출하지 못한 것이었다.

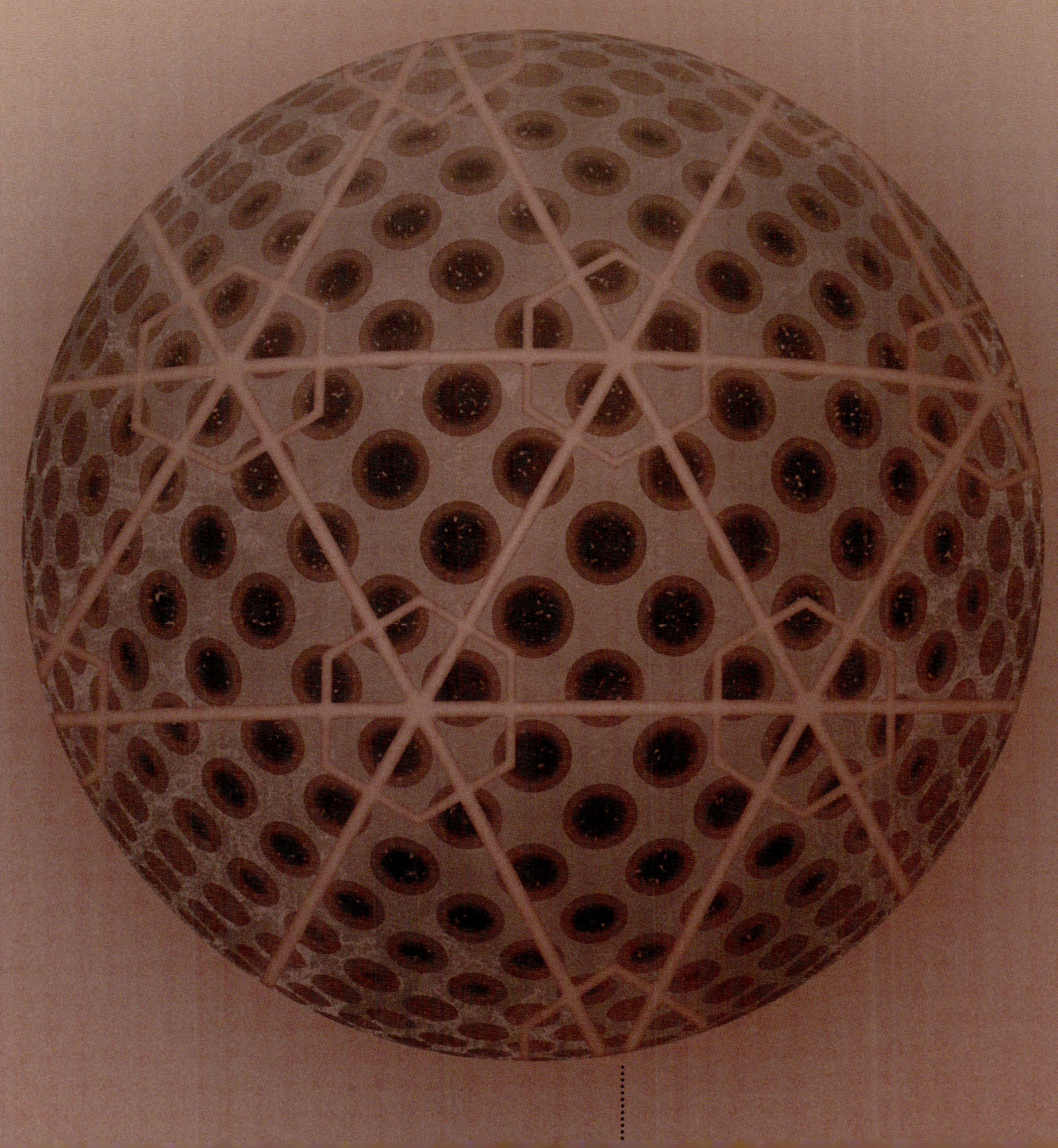

 천문타임머신

　세상에서 가장 거대한 천체망원경을 만들려는 계획이 추진 중이다. 이 망원경은 각 변의 길이가 5,000,000㎞인 삼각형의 세 꼭지점에 위치한 우주 궤도를 선회하는 우주 감지기로 구성된다. 우주에서 오는 신호를 감지하는 일은 어렵지만, 과학자들은 이 망원경이 반드시 설치되어야 한다고 말한다.

　중력파는 아인슈타인의 일반상대성이론으로 예측되는 시공간의 떨림이다. 이것은 별이 생의 마지막 순간에 무너져 내리면서 생을 마치거나 동반성들이 안쪽으로 나선을 그리면서 빨려 들어가며 상호 소멸하거나, 블랙홀이 별을 삼켜버리는 등 극도로 큰 질량이 격렬하게 가속되는 계에서 방출될 것으로 예측된다. 어떤 별은 죽어가면서 충돌한다. 예를 들어 블랙홀이 다른 별을 삼켜버리는 것처럼 어떤 별은 그 안쪽으로 소용돌이치며 다른 별들을 끌어들여 전멸한다.

　구상은 이렇다. 우주선이 지구 궤도를 공유하면서 50,000,000㎞ 뒤쳐져 레이저빔으로 연결되어서 태양 주위를 돌게 한다. 뒤쪽에 빛 광선이 연결되어 있다. 중력파가 지나갈 때, 그 파동이 원자 지름 이하로 빔의 길이에 영향을 미치는데 이는 측정 가능할 것이다.

우주 이야기

어떤 중력파는 빅뱅에서 온 것이라고 여겨진다. 이 때문에 중력파 망원경이 여태까지 건설된 그 어떤 망원경보다도 더 우주 탄생에 가까운 모습을 보여줄 것이므로 타임머신이 되는 것이다.

미래의 우주기반 중력파 감지기는 수백만 킬로미터 떨어진 거리에서 레이저빔으로 서로 연결된 세 대의 우주선으로 구성될 것이다. 격렬한 사건으로 우주 전체에 걸쳐 퍼져나가는 중력파는 이 빔에 작은 뒤틀림을 발생시킬 것이다.

비록 중력파가 감지되지 않고 있지만, 과학자들은 중력파의 존재를 확신한다. 그 이유 중 하나는 쌍성펄서의 공전주기(극단적으로 정확한 천문시계, 168~169쪽 참조)가 100만분의 75초 정도 짧아지고 있어, 아마도 중력파 형태로 에너지가 방출되고 있는 것이 아닌가 생각된다.
 어떤 물리학자들은 빅뱅으로부터 오는 중력파뿐 아니라 빅뱅 이전의 사건에서 오는 중력파도 감지할 수 있을 것이라고 주장한다(214~215쪽 참조)

제3장

탐사선, 인공위성, 우주선

 미지의 세계로

　우주를 더 잘 이해하기 위해서는 보다 깨끗한 별들의 이미지를 얻을 수 있도록 혼탁하고 소용돌이치는 지구의 대기를 넘어서야 한다. 또한 달과 행성의 근접된 모습을 보고 싶다면 멀리 여행해야 한다는 것을 의미한다. 그런데 현재는 오직 로켓을 이용해야 지구 대기를 벗어나는 추진력을 얻을 수 있다. 1960년대부터 인간은 점프를 시작으로 비행기나 기구 등을 이용해 하늘을 날기 위해 노력해왔다.

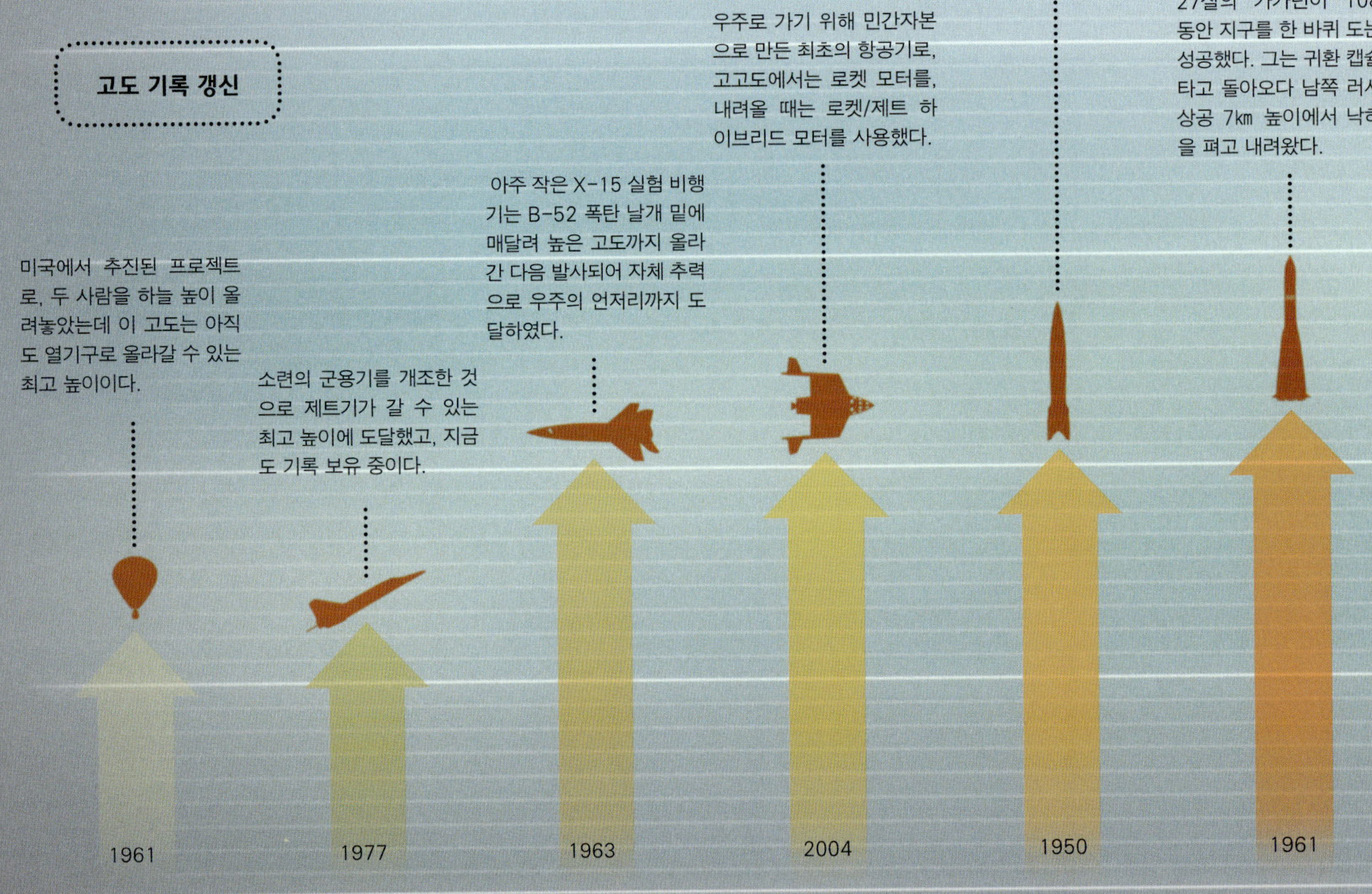

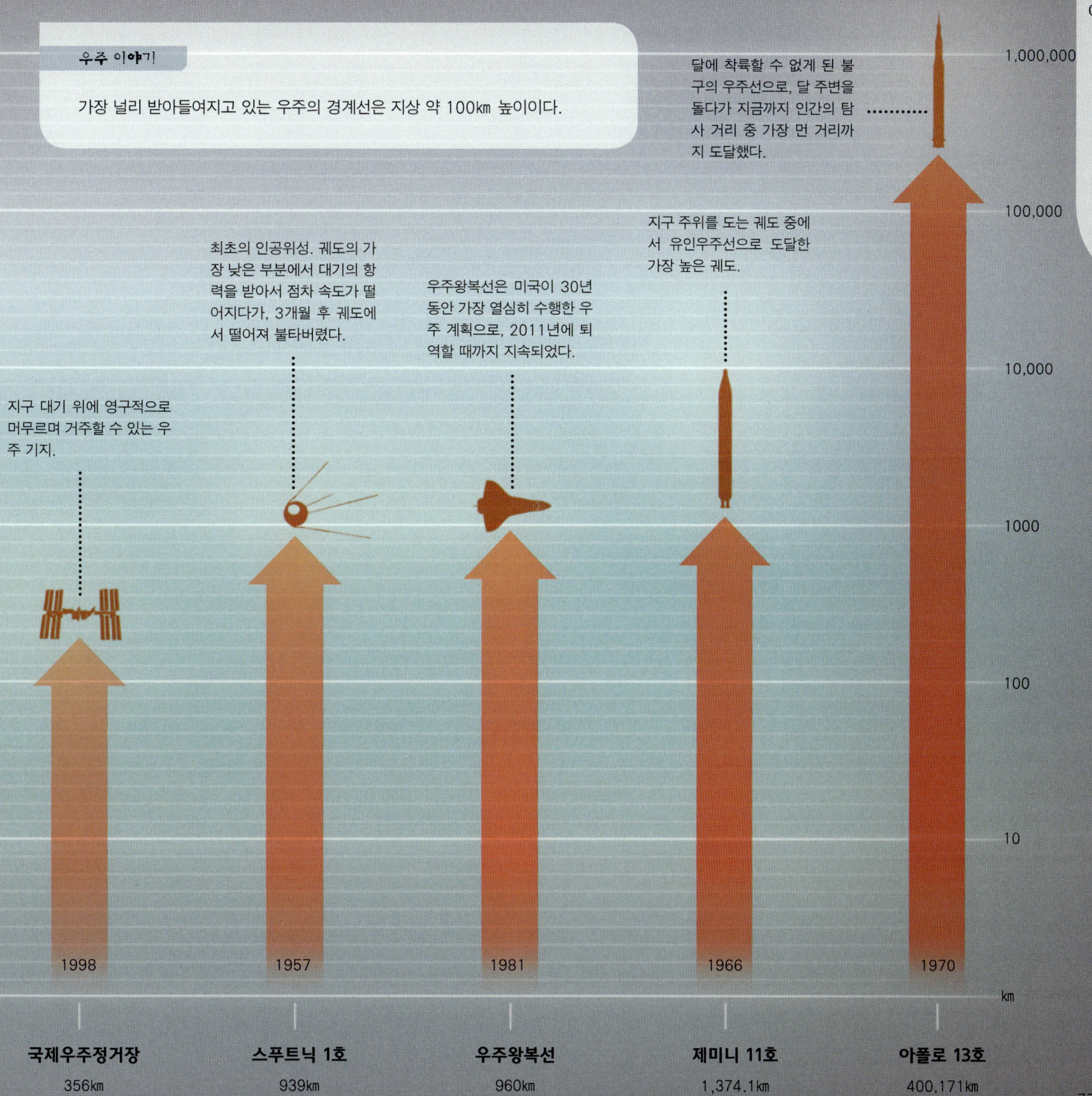
우주 이야기
가장 널리 받아들여지고 있는 우주의 경계선은 지상 약 100km 높이이다.
달에 착륙할 수 없게 된 불구의 우주선으로, 달 주변을 돌다가 지금까지 인간의 탐사 거리 중 가장 먼 거리까지 도달했다.
최초의 인공위성. 궤도의 가장 낮은 부분에서 대기의 항력을 받아서 점차 속도가 떨어지다가, 3개월 후 궤도에서 떨어져 불타버렸다.
우주왕복선은 미국이 30년 동안 가장 열심히 수행한 우주 계획으로, 2011년에 퇴역할 때까지 지속되었다.
지구 주위를 도는 궤도 중에서 유인우주선으로 도달한 가장 높은 궤도.
지구 대기 위에 영구적으로 머무르며 거주할 수 있는 우주 기지.
1,000,000
100,000
10,000
1000
100
10
km
1998
1957
1981
1966
1970
국제우주정거장
스푸트닉 1호
우주왕복선
제미니 11호
아폴로 13호
356km
939km
960km
1,374.1km
400,171km

 # 우주정거장

　우주비행사들은 대기 너머로 잠시 동안 여행을 했다가 재빨리 안전한 땅으로 귀환했지만, 우주에 좀 더 오래 머무를 수 있는 정착지를 건설할 시기가 되었다. 진정한 우주정거장은 우주비행사들을 위한 거처를 제공해주게 된다.

　소련은 우주비행에 있어서 오랫동안 선두를 달리고 있었다. 1971년 궤도에 올라간 살류트 1호는 최초의 우주정거장으로 6개월 동안 궤도에 머물렀으며, 사용된 기간은 딱 3주였다. 이후 연속적으로 우주선들이 발사되어 1982년 살류트 7호가 발사될 때까지 8년 넘게 궤도에 머무르며, 소련 우주비행사와 다른 외국 손님들을 맞이했다. 2세대 우주정거장으로는 미르가 발사되어 1986년부터 2001년까지 궤도에 머물렀다. 총 6개의 모듈로 구성된 미르에는 서너 명의 우주비행사가 1년 이상 체류했다.

　1998년에는 우주비행사들이 궤도에 머무르며 국제우주정거장을 조립하기 시작했다. 2000년 10월 1일 이후 이 정거장은 계속 이용되고 있으며 우주정거장의 완성은 2012년으로 계획되어 있었다. 총 43개의 모듈이 합쳐져야 완성되는 국제우주정거장의 완성 시기는 아직 불확실하다.

우주 이야기

미국의 우주정거장 스카이랩은 새턴 로켓의 3단 추진제 통을 실험실로 바꾼 것으로, 6년 동안 유지되다가 1979년에 수명을 다했다. 그런데 대기로 재진입하기 전에 분해되지 않아 한 덩어리의 부품이 호주 남서부를 강타하는 사건이 발생했다.

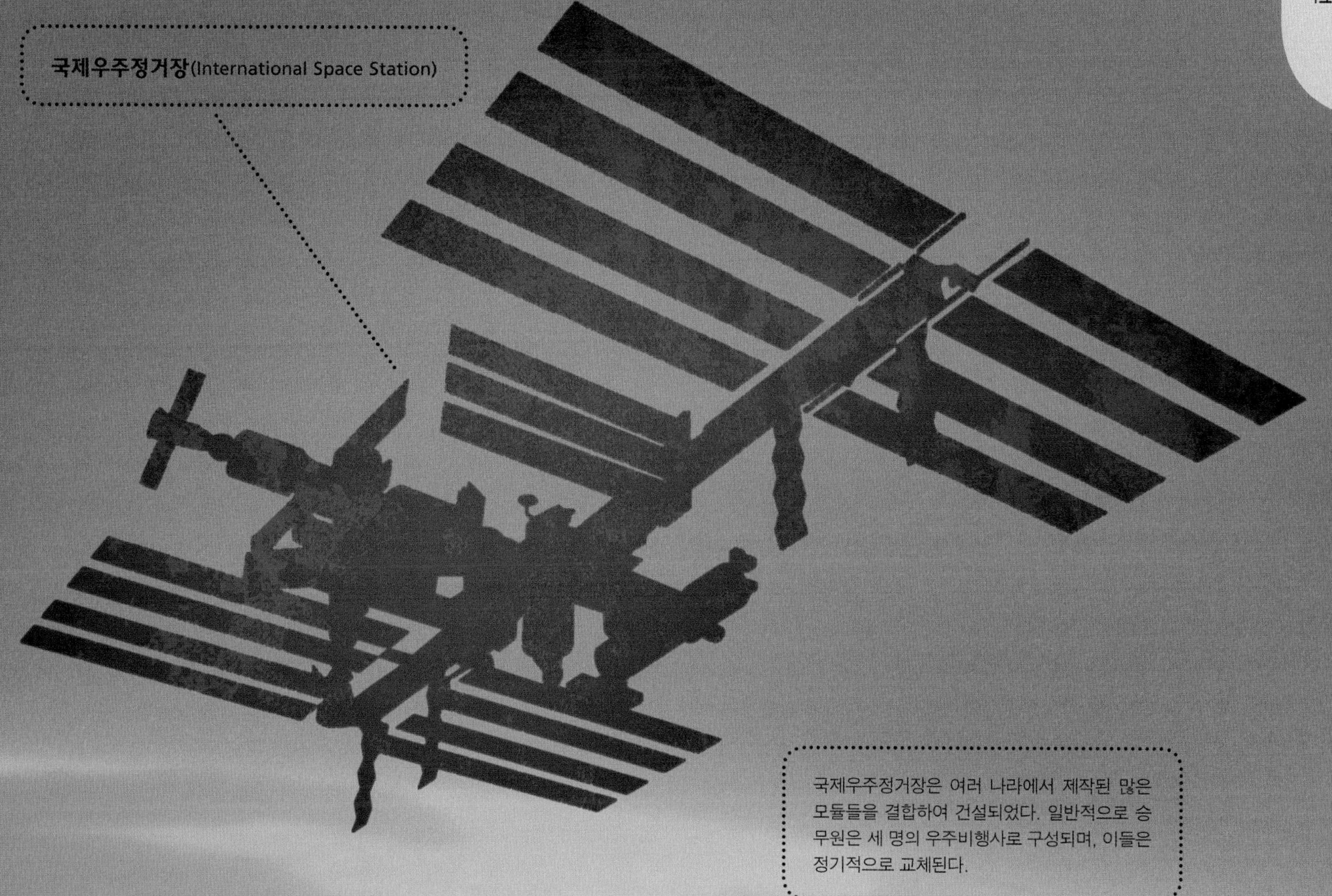

국제우주정거장은 여러 나라에서 제작된 많은 모듈들을 결합하여 건설되었다. 일반적으로 승무원은 세 명의 우주비행사로 구성되며, 이들은 정기적으로 교체된다.

03.03 **거대한 도약**

미국의 우주 성과는 초기에는 소련에 비해 상당히 뒤쳐져 있었다. 그러나 1961년 존 F. 케네디 대통령이 10년 내에 달에 사람을 보내 지구로 안전하게 되돌아오게 할 것이라고 선언하면서 상황이 바뀌기 시작했다.

1969년 7월 16일, 아폴로 11호를 실은 길이 111m, 무게 3,000톤의 새턴 5호 로켓이 플로리다 상공에 발사된 지 4일 후 14.7톤 무게의 작은 모듈이 달의 고요의 바다에 착륙했다. 그리고 다시 4일 후 정확히 6톤 무게의 사령선이 태평양으로 내려앉았다.

이후 여섯 대의 아폴로 우주선이 추가로 발사되었고, 그중 다섯 대가 성공을 거두었다.

우주 이야기

아폴로 계획으로 미국은 달에서 총 382kg의 암석을 가져왔다. 소련도 로봇 우주선을 사용하여 샘플을 가져왔는데, 가져온 암석은 320g 이하로 미국이 가져온 양의 1/1000 정도이다.

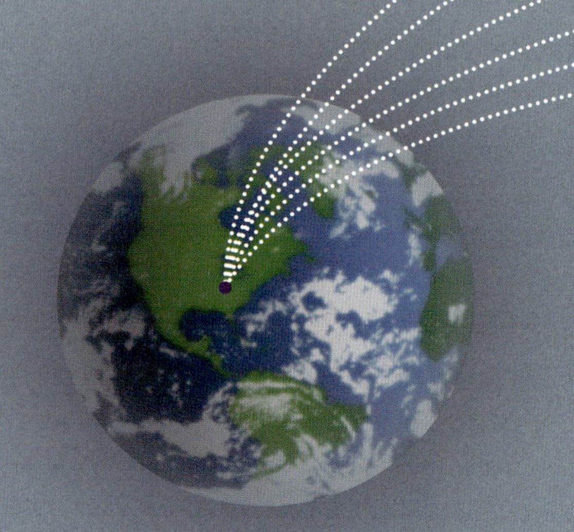

아폴로 12호

1969년 11월 14일.
2년 전에 달에 경착륙했던 서베이어 무인탐사선 부품의 일부를 가져옴.

아폴로 11호

1969년 7월 16일.
최초로 달에 착륙한 유인우주선.

아폴로 13호

1970년 4월 11일.
선상에서 일어난 폭발로 공급전력이 손상을 입었을 때는 거의 재앙에 가까웠음. 착륙이 취소되었지만 우주선은 기적적으로 무사히 돌아옴.

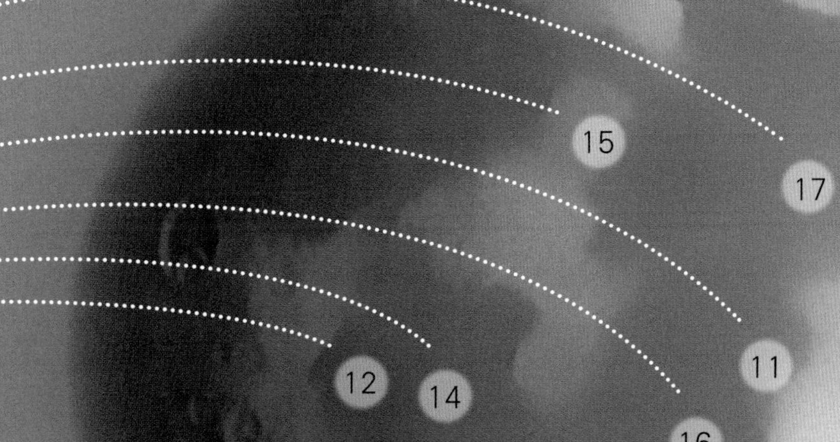

아폴로 14호

1971년 1월 31일.
우주선 선장 앨런 셰퍼드가 달에서 두 번 골프공을 쳤다.

아폴로 17호

1972년 12월 7일.
달 표면에서 가장 오래 머무름.
20초 부족한 75시간.

아폴로 16호

1972년 4월 16일.
처음으로 달의 고원에 착륙.

아폴로 15호

1971년 7월 26일.
'문 버기'라 불리는 월면차를 사용함.

 화성을 향하여

마지막 아폴로 우주선이 달에 착륙한 1972년 이후 40년이 넘도록 달에 가는 일이
없을 거라고 내다본 사람은 없었다. 또 그 다음의 원대한 목표는 화성탐사였다. 현시점에
서 미국이 세운 잠정적인 계획은 2007년에 발표한 화성탐사이며, 유럽 우주국 또한 2030년
이후에 인간을 화성으로 보낼 계획을 가지고 있다. 다른 초강대국들 역시 유사한 계획을 가지고
있지만 이러한 계획을 공개한 바는 없다.

지구에서 화성까지의 왕복여행에는 지금의 기술력으로는 탑재가 불가능할 정도로 많은 양의 연료
가 필요하다. 그래서 몇몇 화성 프로젝트 제안에는 달에 유인 기지를 세운 뒤 로켓을 건설하여 화성으로
보내자는 안이 들어 있다. 또 다른 계획은 자동화된 화학 공장을 화성으로 보내자는 것이다. 연료를 충분
히 생산해냈을 때, 우주비행사를 보내어 돌아오기 위한 연료로 사용하자는 것이다.

태양계에 있는 어떤 행성도 인간이 살기에는 적합하지 않다. 바깥의 거대한 행성들은 가스로 이루어진 구체
이다. 수성의 불모지에 기지를 세운다면 낮에는 그을려지고 밤이면 얼어붙어버릴 것이다. 금성의 표면은 뜨겁고,
고밀도의 대기로 인해 어떤 거주자든 구워지고 또 납작하게 눌려버릴 것이다. 그럼에도 과학자들은 먼 훗날 암석
과 얼음 풍경에 매료된 사람들이 거주하는 식민지가 많은 위성들에 건설될 수 있을 것으로 보고 있다.

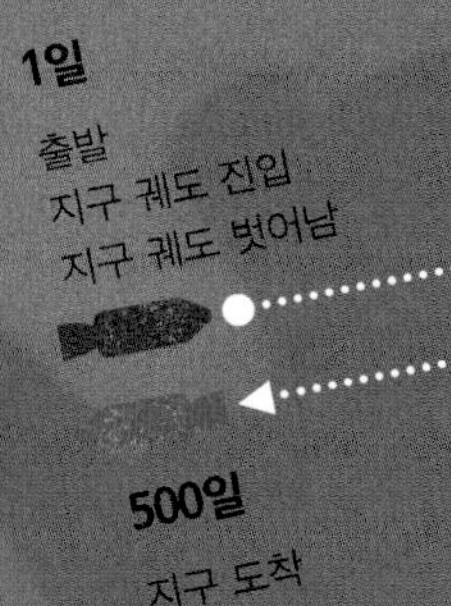

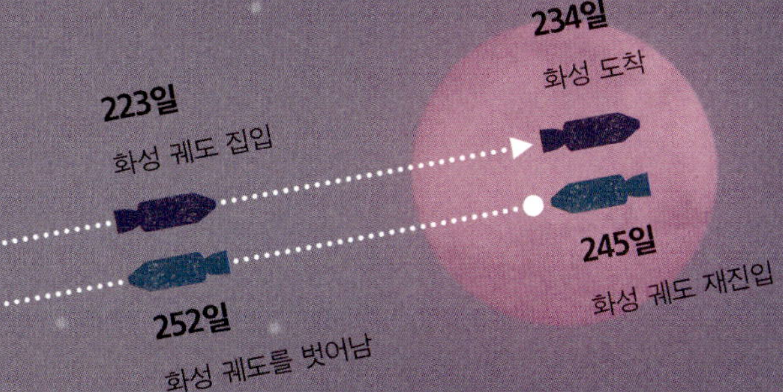

우주 이야기

아폴로 달 '기지'는 실망스럽게도 일시적인 것이었다. 화성에서의 영구적인 식민지 건설 방법은 '화성 거주 Mars to Stay' 계획에서 기술되고 있다. 5차례의 원정대를 꾸려, 화성으로 15명의 커플을 편도여행 보내는 것이 그 내용이다.

 로봇탐사기

인류가 지구라는 한정된 영역을 서서히 벗어나고 있는 동안 인간이 만든 로봇탐사기는 그보다 앞서가고 있었다.

지구 주위를 북적거리는 수백 대의 인공위성들은 기상을 관측하고, TV 프로그램, 전화 통화, 인터넷 통신을 전송하며, 지구의 자원지도를 만들고 있다. 태양계의 모든 행성과 위성들에 탐사기가 보내졌고 때로는 그 표면에 착륙하기도 했다. 1977년에 발사된 보이저 탐사선을 선두로 시작되어 2015년에는 아마도 태양계의 공식적인 성간 경계를 넘어가게 될 것이다.

이와 같은 작업을 수행하는 우주선의 에너지는 태양이나 핵에너지로부터 얻는다. 우주선은 대기 밖으로 나가서 발사 장치로부터 분리되자마자 커다란 돛을 펼쳐서 태양에너지를 거둬들이게 된다. 그러나 화성 너머는 태양빛이 약하여 작은 핵 발전기가 대신 사용되곤 한다. 흔히 사용되는 방사성 물질은 플루토늄 238로, 지속적으로 열을 발생시켜 수백 와트의 전력을 공급한다.

우주선의 수명은 자세(방향) 제어에 사용되는 연료에 의해 좌우된다. 연료가 바닥나면 우주선은 더 이상 지구를 향해 안테나를 유지할 수 없기 때문에 연락이 끊어지게 된다.

우주 이야기

토성 근처에서 임무를 수행 중인 탐사선에 전파 지령이 전달되면 지구에서 명령을 보낸 사람은 그 명령이 잘 전달되었는지 무엇이 다음 명령이 되어야 하는지를 결정한다. 우주탐사선이 매우 똑똑한 로봇으로 만들어져야 하는 이유는 스스로 행동을 결정하고 지구에서부터의 명령을 기다리기 전에 행동할 수 있어야 하기 때문이다.

두 대의 파이오니아 탐사선와 두 대의 보이저 탐사선이 태양계를 떠나 이제 성간 공간으로 미끄러져 들어가고 있다.

파이오니아 10호

태양에서 103AU 떨어진 곳에서 초속 12km로 항해 중. 지구와 교신 없음.

파이오니아 11호

태양에서 83AU 떨어진 곳에서 초속 11km로 항해 중. 지구와 교신 없음.

보이저 1호

태양에서 116AU 떨어진 곳에서 초속 17km로 항해 중. 지구와 교신 중.

보이저 2호

태양에서 96AU 떨어진 곳에서 초속 15km로 항해 중, 지구와 교신 중.

1AU(천문단위)는 지구와 태양 간의 거리로, 대략 1억 5000만 km이다.

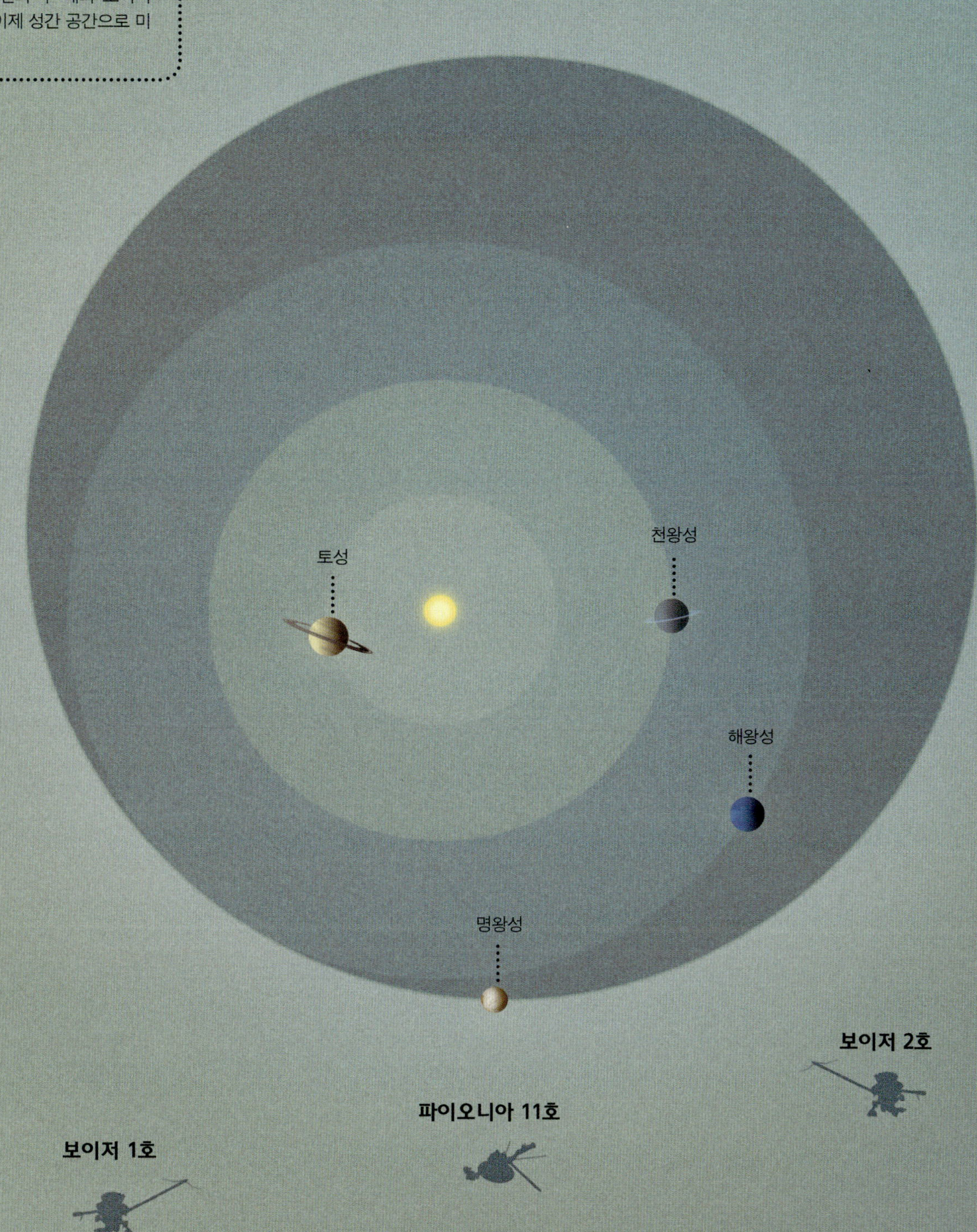

 슬링샷 우주여행

우주탐사선이 순전히 자신의 로켓 엔진에만 의존하여 태양의 강력한 중력과 전쟁을 벌이며 벗어나려고 한다면, 태양계 바깥쪽으로 나아가기 위해서는 어마어마한 양의 연료가 필요하게 된다. 태양계의 바깥 행성으로의 항해는 슬링샷 혹은 중력조력기술에 의해서 실현 가능해질 수 있다. 원리는 다음과 같다.

탐사선은 스스로 태양 주위를 돌고 있는 행성들에 의해 방향을 바꾼다. 행성은 다윗의 돌팔매처럼 우주선을 행성 주위로 돌아가게 할 수 있다. 그 결과 탐사선은 우주 공간으로 내던져져서 가속되는데, 행성의 궤도 속력의 두 배까지 가속될 수 있다. 정확한 것은 어떻게 서로 마주치는가에 달려 있다. 1977년에 발사된 두 보이저 탐사선의 소행성대 너머의 첫 번째 임무는 외행성들의 특별한 정렬을 이용하는 것이었다. 보이저 1호는 목성과 토성을 근접통과하며 가속되었고, 보이저 2호는 목성, 토성, 천왕성, 해왕성을 통과하며 같은 방법으로 속력을 높였다.

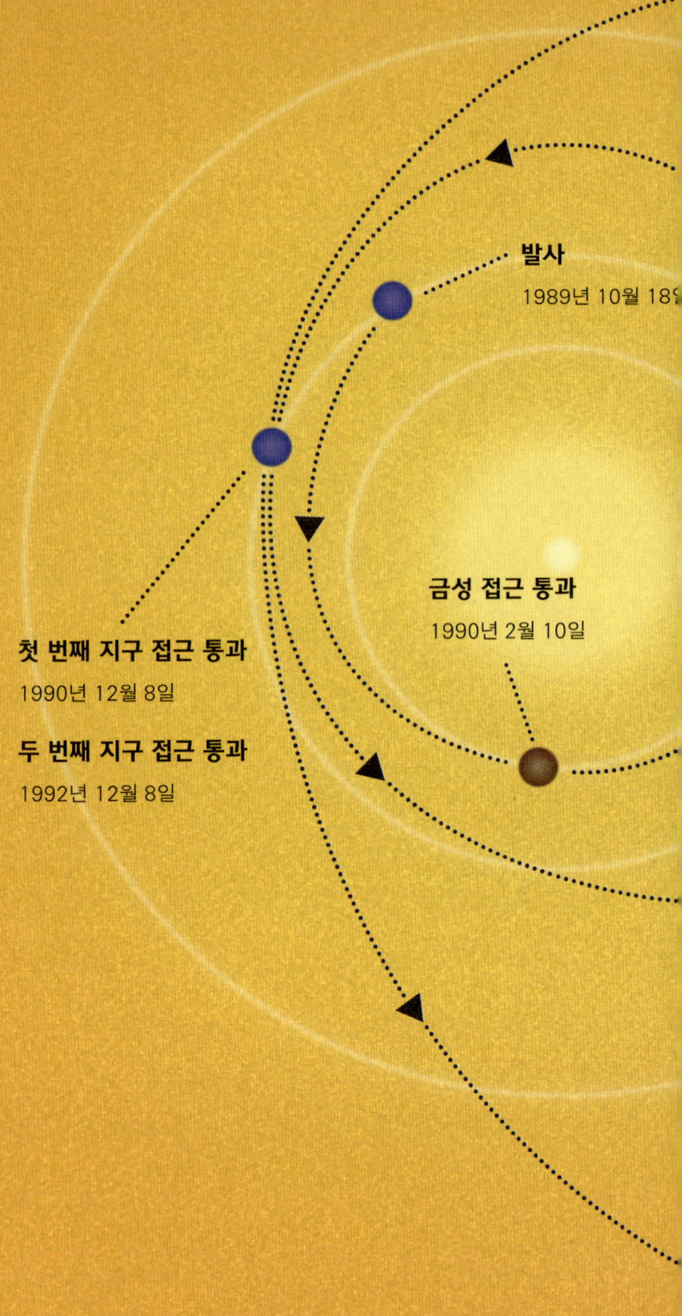

우주 이야기

미래의 언젠가는 우주 식민지들이 행성 간의 운송 네트워크라 부르는 나선형의 경로를 따라 태양계 주변을 배회할 것이다. 이들은 중력이 거의 모든 것을 뒷받침해주기 때문에 아주 적은 연료만 있으면 되지만, 한 행성 주변에서 다른 행성으로 이동하려면 수 세기가 걸릴 것이다.

갈릴레오 탐사선의 항로

갈릴레오 우주탐사선은 1989년 10월에 발사
되었으며, 금성과 지구로부터 받은 세 번의 중
력 도움을 거쳐 6년이 넘는 여행 끝에 거대 행
성 목성에 도착했다.

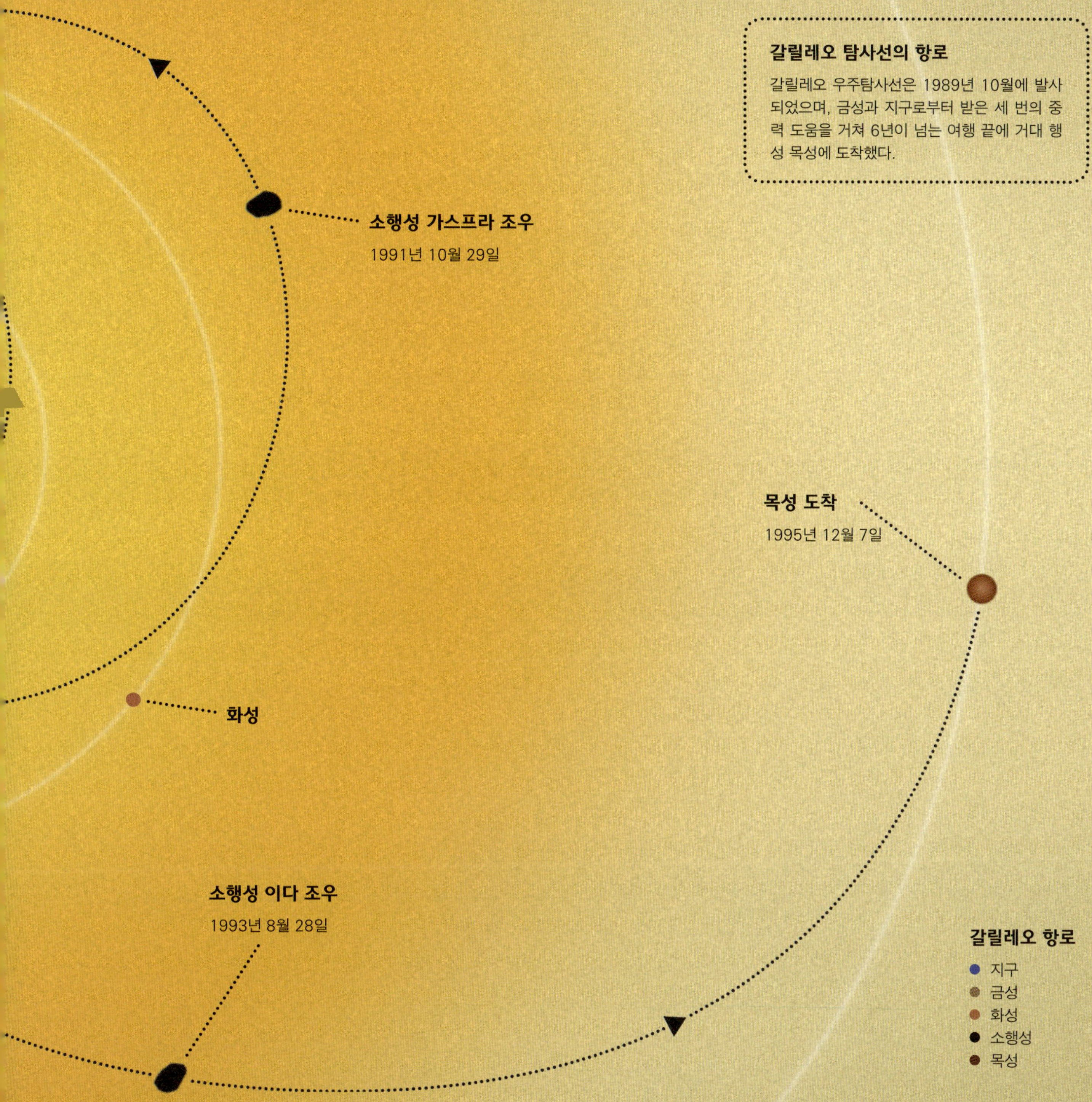

소행성 가스프라 조우

1991년 10월 29일

목성 도착

1995년 12월 7일

화성

소행성 이다 조우

1993년 8월 28일

갈릴레오 항로

- 지구
- 금성
- 화성
- 소행성
- 목성

 우주에서 살기

언젠가는 지구 대기 너머에서 완전히 자급자족하며 살아가는 우주 식민지가 건설되는 때가 반드시 올 것이다. 이들이 존재하면, 지구에 어떠한 재앙이 닥쳐도 인류는 살아남을 수 있게 될 것이다. 우주 식민지는 지구나 다른 행성 혹은 위성 주위를 돌고 있는 우주정거장이 될 수도 있고, 다른 행성이나 위성 위에 건설된 도시가 될 수도 있다.

1974년 미국의 물리학자 제라드 K 오닐은 현재 기술보다 조금 더 발전된 기술을 사용한 거대한 우주 식민지에 대해 〈우주의 식민지 건설〉이라는 제목의 논문을 통해 개략적으로 발표했다. 32km 길이, 6.5km 폭의 두 개의 평행한 원통 모양을 한 도안의 내부에는 땅과 물이 있고, 반사경이 설치되어 실린더의 길이 조절창 너머를 통해 하루 주기로 빛과 어둠이 반복된다. 이곳에는 수백만 명의 사람들이 탑승하여 살아간다.

이런 구조물 건설 기술을 가지려면 오랜 시간이 걸리겠지만, 우리는 중요한 첫 번째 단계를 지나왔다. 이 과정에서 아주 중요한 순간은 우주에서 첫 번째 인간이 태어나는 것이며, 다음으로 중요한 순간은 첫 번째 인간이 그의 일생을 보내게 되는 때이다.

우주 이야기

"결국에는, 오직 하나의 행성에만 서식하는 생명 종들은 살아남지 못할 것이다. 어느 날, 언제인지는 나도 모르지만, 그러나 언젠가는 지구에 살고 있는 사람들보다 지구 밖에서 사는 사람들이 더 많아질 것이다"
— 전 NASA 최고책임자 마이크 그리핀

식민지 생물권

우리는 태양계 내에서 단단한 표면을 가진 어떤 위성이나 행성(암석질 내행성들) 표면에 식민지를 세우는 상상을 한다. 그런데 모든 행성들이 생명체가 살기에 적합한 환경인 것은 아니다. 식민지 주민들은 생물권 내부, 다시 말해 온도와 대기가 조절되고, 생명 유지에 필요한 식품이 자랄 수 있는 내부에서만 살 수 있을 것이다.

 # 별을 향하여

다른 별로 간다는 것은 태양계에 식민지를 건설하는 것보다 엄청나게 어려운 일이 될 것이다. 태양에서 지구까지의 거리를 1m로 축소시켰을 때, 가장 먼 행성인 해왕성까지의 거리는 30m가 되고, 가장 가까운 별인 프록시마 센타우리까지는 무려 270km나 된다.

보이저 1호 탐사선은 1초에 약 17km의 속도로 태양계를 벗어나고 있는데, 이 속도는 아폴로 달로켓보다 1.5배 정도 빠른 것이다. 하지만 이 속도로 가장 가까운 별인 프록시마 센타우리까지 가려면 76,000년이 걸린다. 달팽이가 기어가는 속도밖에 되지 않는 것이다.

현대 물리학에 따르면, 어떤 물체든 한계속도는 빛의 속도이며 초속 300,000km를 넘을 수 없다. 그리고 스타쉽(우주여행용 우주선)이 이 속도에 도달하려면 다음과 같은 방법밖에 없다.

⋯⋗ **수소폭탄의 폭발력**: 연쇄적으로 일어나는 수소폭탄 폭발을 이용하여 우주선을 우주로 날려 보내는 것이다.

⋯⋗ **반물질**: 반물질은 오직 강입자충돌기(LHC) 같은 입자가속기 안에서 극히 적은 양만 만들어질 수 있다. 반물질이 일반 물질과 만나게 되면 서로 소멸되면서 에너지로 바뀐다. 만약 우리가 반물질을 대량으로 생성할 수 있게 되면 별 우주선의 강력한 연료로 사용할 수 있다.

⋯⋗ **빛 항해**: 연료 대신 우주선은 거대한 '돛'을 달고, 지구에서 발사되는 강력한 레이저빔으로부터 동력을 얻어 항해한다.

성간 공간은 완전히 텅 빈 공간이 아니다. 따라서 초당 수만km의 속도로 이동하는 스타쉽(우주여행용 우주선)은 우주선을 강타하는 먼지 알갱이나 가스, '우주선'(아원자 입자들)에 대비할 수 있는 장비를 갖춰야 한다.

스타쉽이 빛의 속도에 가까운 속도를 내려면 어마어마하게 많은 양의 에너지가 필요하다. 그럼에도 불구하고 별로 가는 여정의 대부분은 수백 년 혹은 수천 년이 걸릴 것이다.

미래의 연료

우주선을 추진시키는 이론적인 방법은 1960년에 미국 물리학자 로버트 W.버사드에 의해 제안되었다. 버사드 램제트는 융합로켓의 한 종류로, 전자기장을 사용하여 상상할 수 없을 만큼 엷은 성간가스 속의 수소를 압축시켜 원자핵 융합반응의 연료를 만들어내는 것이다. 버사드의 아이디어는 공상과학소설이나 영화, TV쇼 등에서 굉장히 인기가 많다.

 은하계 식민지

만약 은하계 내에서 인류를 위한 새로운 고향으로 지구와 같은 행성을 찾고자 한다면, 성간 불모지를 지나가는 스타쉽을 보내야 될 것이다. 은하계 내에는 최소한 2000억 개의 별들이 존재하며 그 별들 대부분은 주변을 돌고 있는 행성을 가지고 있을 것이다. 이러한 엄청난 세계를 탐사하는 것은 불가능한 작업처럼 보였는데, 1970년대에 스코틀랜드 작가 크리스 보이스가 합리적인 시간 안에 은하계를 탐색하는 기술을 대중화시켰다. 그것은 자기 자신과 완전히 똑같은 복사판을 만들 수 있는 자기복제로봇 우주탐사선 개발이었다. 이를 자기복제 기계에 대한 개념을 연구한 헝가리 태생의 미국인 수학자 존 폰 노이만의 이름을 따 노이만 탐사선이라 불렀다.

- ⤳ 2개의 탐사선이 가까운 항성계를 향해 발사된다. 가장 유력한 대상 별들은 평균적으로 100광년 정도 거리에 있으며 그 대상은 우리가 얼마나 까다롭게 선정하느냐에 달렸다. 빛의 속도의 1/10로 순항한다면 우주선들이 목표지점에 도달하는 데 1000년이 걸리게 된다.

- ⤳ 도착 즉시 탐사선은 항성계 주위의 행성들과 소행성들을 채굴하여 자신과 똑같은 두 개의 복제 우주선을 만들어낸다. 이들은 다시 다른 표적 별을 향해 발사되어 같은 과정을 되풀이하게 된다. 가장 유력한 별들은 평균적으로 100광년 떨어져 있는데, 우리가 얼마나 까다롭게 목표를 고르냐에 달려 있다.

- ⤳ 만약 아주 적절한 행성이 있다면, 탐사선은 냉동된 배아나 완전히 합성된 세포를 이용하여 인간 거주자를 정착시킨다.

- ⤳ 20000년 후 20세대가 지나면, 가장 멀리 있는 탐사선들은 지구로부터 2000광년 거리에 있을 것이고, 그 숫자는 약 100만 개가 된다.

- ⤳ 은하계의 가장 먼 곳은 지구로부터 100,000광년 떨어진 곳이다. 마지막 탐사선은 100만 년 후에 그곳에 도달하게 될 것이다.

우주 이야기!

많은 사람들이 이와 같은 계획은 마치 전염병으로 은하계를 감염시키는 것과 같다고 생각하여 공포를 느낀다. 따라서 만약 프로젝트가 시행된다면, 탐사선은 일정 기간 후에는 탐색을 멈추도록 프로그램되어야 할 것이다.

32대의
복제 탐사선이
발사된다.

16대의
복제 탐사선이
발사된다.

8대의
복제 탐사선이
발사된다.

4대의
복제 탐사선이
발사된다.

2대의
복제 탐사선이
발사된다.

  **지구에서 탐사선이 발사된다.**

자기복제 탐사선은 은하계를 가로질러
별에서 별로 퍼질 수 있다.

제4장

태양과 암석 행성들

 태양계의 주민들

태양계는 7개 구역으로 구분해볼 수 있는데, 각 구역에는 특징적인 유형의 주민들이 있다. 이와 같은 구분에 가장 편리한 단위는 지구에서 태양 사이의 거리로 정의되는 천문단위[AU]이다. 1천문단위는 약 1억 5000만 km이다.

⋯⋙ 태양은 그 중심에 위치하며, 그 밖의 모든 것들을 중력으로 붙들어둔다. 또 태양계 전체에 열과 빛을 공급한다.

⋯⋙ 암석으로 이루어진 4개의 작은 행성들은 태양으로부터 2AU 거리 안에 있다. 여기에는 지구도 포함된다.

⋯⋙ 소행성대는 태양으로부터 2~3.5AU 범위 안에 있는 작은 암석질 천체들, 다시 말해 소행성들로 이루어진 넓은 띠를 이루는 지역이다.

⋯⋙ 4개의 거대 가스 행성들은, 지구 크기의 뜨거운 액체 또는 고체 핵을 가진 수소와 헬륨, 메탄과 암모니아로 이루어진 거대한 구형의 가스 덩어리이다. 이들은 태양으로부터 5~30AU 거리범위에 위치한다.

⋯⋙ 작은 천체들의 띠는 태양으로부터 가장 멀리 있는 행성인 해왕성 너머에도 존재한다. 여기에서 가장 큰 천체 중의 하나인 명왕성은 오랫동안 행성으로 간주되어 왔다.

⋯⋙ 오르트 운은 가장 가까운 이웃 별들과의 중간쯤에 놓인 아직 관측되지 않은 거대한 껍질로, 얼음과 암석들로 만들어진 작은 천체들로 이루어진 것으로 추측된다.

⋯⋙ 어떤 혜성들, 소행성들 그리고 다른 소천체들은 떠돌다가 태양계 안쪽으로 들어왔다가 다시 밖으로 나간다.

우주 이야기

태양은 태양계 전체질량의 99.9%를 차지한다. 그리고 나머지 0.1%의 90%는 목성과 토성이 차지한다.

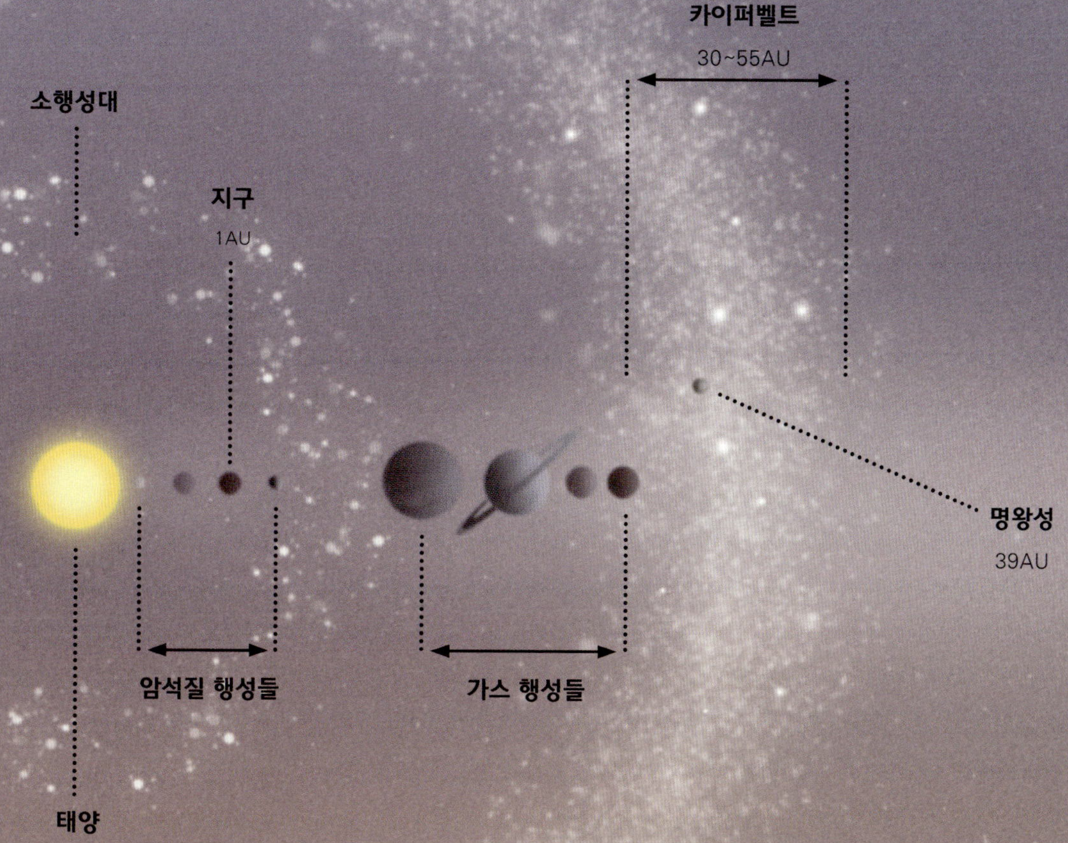
모든 거리는 태양을 기준으로 했다.
이 그림은 정확한 거리 규모를 표현한
것은 아니다.
카이퍼벨트
30~55AU
소행성대
지구
1AU
명왕성
39AU
태양
암석질 행성들
가스 행성들
오르트 운
5,000~100,000AU
천문단위
1천문단위(AU)는 149,597,871km에 해당한
다. 지구와 태양 사이의 거리는 대략 1AU이다.

 태양계 : 가족사진

태양계의 구성원들은 다양한 범위의 크기를 갖는다. 태양은 최상위의 구성원으로, 지름이 139만 km에 이르는데, 이는 가장 작은 행성인 수성 지름의 거의 300배에 이른다.

조금 더 비교를 해보자. 목성은 대략 지구 지름의 11배이다. 따라서 목성 안에는 1,400개의 지구가 들어갈 수 있다. 태양은 목성 지름의 10배이므로 태양 안에는 900개가 넘는 목성이나, 120만 개의 지구가 들어갈 수 있다.

행성들의 크기와 조성은 크게 다르며 이는 수십억 년 전에 있었던 태양계의 생성과정에서 비롯된 것이다(100~101쪽 참조). 현재의 태양계에서 지구 외에 인간이 수월하게 발을 들여 놓을 수 있는 유일한 행성은 화성과 수성의 서늘한 극지역이 될 것이다.

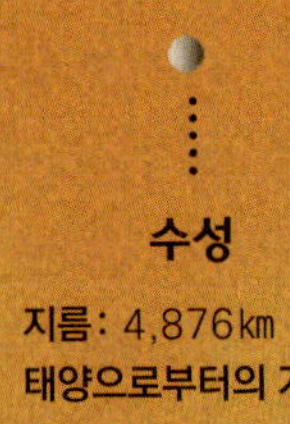
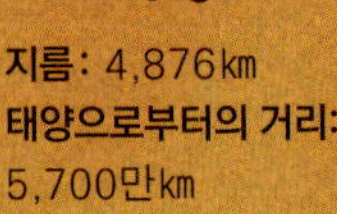

수성

지름: 4,876km
태양으로부터의 거리:
5,700만km

금성

지름: 12,107km
태양으로부터의 거리:
1억 700만km

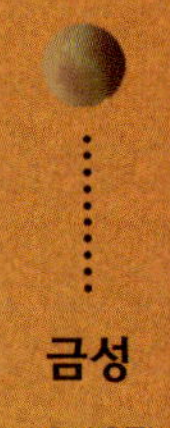

지구

지름: 12,755km
태양으로부터의 거리:
1억 5,000만km

화성

지름: 6794km
태양으로부터의 거리:
2억 2,900만km

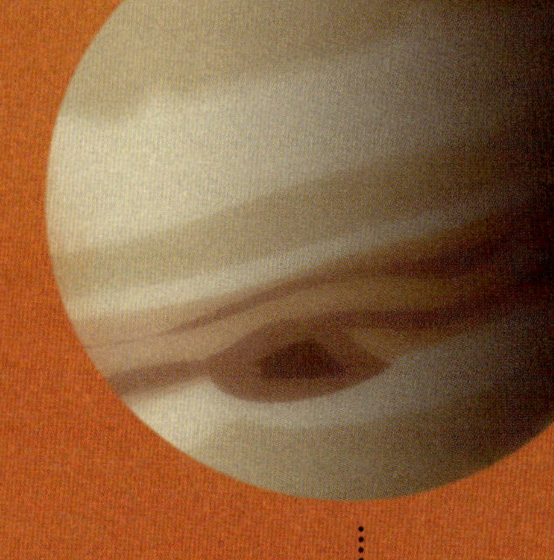

목성

지름: 142,983 km
태양으로부터의 거리:
7억 7,700만km

우주 이야기

여기에 등장하는 행성들은 크기비로 나타낸 것이며, 그들 사이의 거리는 올바르지 않다. 태양과 가장 먼 행성인 해왕성 사이의 거리를 올바르게 나타내려면 이 책 두 쪽의 폭이 1km로 넓어져야 한다. 심지어 가장 가까운 거리인 태양과 수성 사이의 거리조차도 18m가 되어야 할 것이다.

토성

지름: 120,536 km
태양으로부터의 거리:
14억 2,900만 km

천왕성

지름: 51,117 km
태양으로부터의 거리:
28억 7,100만 km

해왕성

지름: 49,527 km
태양으로부터의 거리:
44억 9,600만 km

태양

지름: 1,390,000 km

 태양계의 탄생

오늘날 우리가 보는 태양계는 45억 년 전에 성간 공간을 떠돌던 가스와 먼지들이 혼합된 차갑고 어두운 수소 운으로부터 탄생했다. 이 성운은 약 80억 년된 한 은하 안의 성간을 떠돌고 있었다.

⋯⋙ 그 성운은 지름이 수 광년 정도였고 자체 중력에 의해 붕괴하여 자전속도가 점점 빨라지면서 회전하는 원반을 형성하게 되었다. 성운의 중심부는 붕괴하면서 방출하는 에너지에 가열되어 뜨겁고 빛나는 원시성이 되었다.

⋯⋙ 소용돌이치는 성운 속에서 먼지들이 모여들어 밀도가 높은 덩어리를 형성하면서 암석 덩어리와 금속 덩어리로 성장해갔다.

⋯⋙ 5000만 년이 지난 후, 태양 안에서 열핵융합반응의 '스위치가 켜져서' 진짜로 빛나는 별이 되었다.

⋯⋙ 성운 속의 고체 덩어리들이 끊임없이 충돌하는 과정에서 몇몇 덩어리가 행성으로 성장해 갔다. 기체 수소, 헬륨, 물 그리고 메테인 같은 가벼운 물질들은 성운의 뜨거운 내부에서 밖으로 빠져나왔다.

⋯⋙ 온도가 낮은 바깥 영역에서는 암석 덩어리와 얼음 그리고 얼어붙은 다른 물질들이 크게 성장했고 또 이들 주위를 둘러싸고 가스들이 모여들어 거대한 부피로 커지게 되었다.

⋯⋙ 해왕성 궤도 너머에서는 물질들이 너무 희박하게 퍼져서 행성으로 자라지 못했다.

⋯⋙ 작은 암석질 천체들이 5번째 내행성을 형성했어야 할 곳은 목성의 강력한 중력으로 인해 방해받아 소행성대로 남았다.

⋯⋙ 복잡한 중력상호작용으로 인해 거대 가스 행성들은 반복해서 자리를 바꾸면서 안쪽 태양계로부터 잔해를 행성 궤도 너머로 몰아냈다.

우주 이야기!

원시가스 성운의 붕괴는 아마도 가까이 있는 별이 초신성 폭발을 일으켰을 때 가스를 밀어붙이거나 붕괴를 촉발시키는 시동 역할을 했을 것이다.

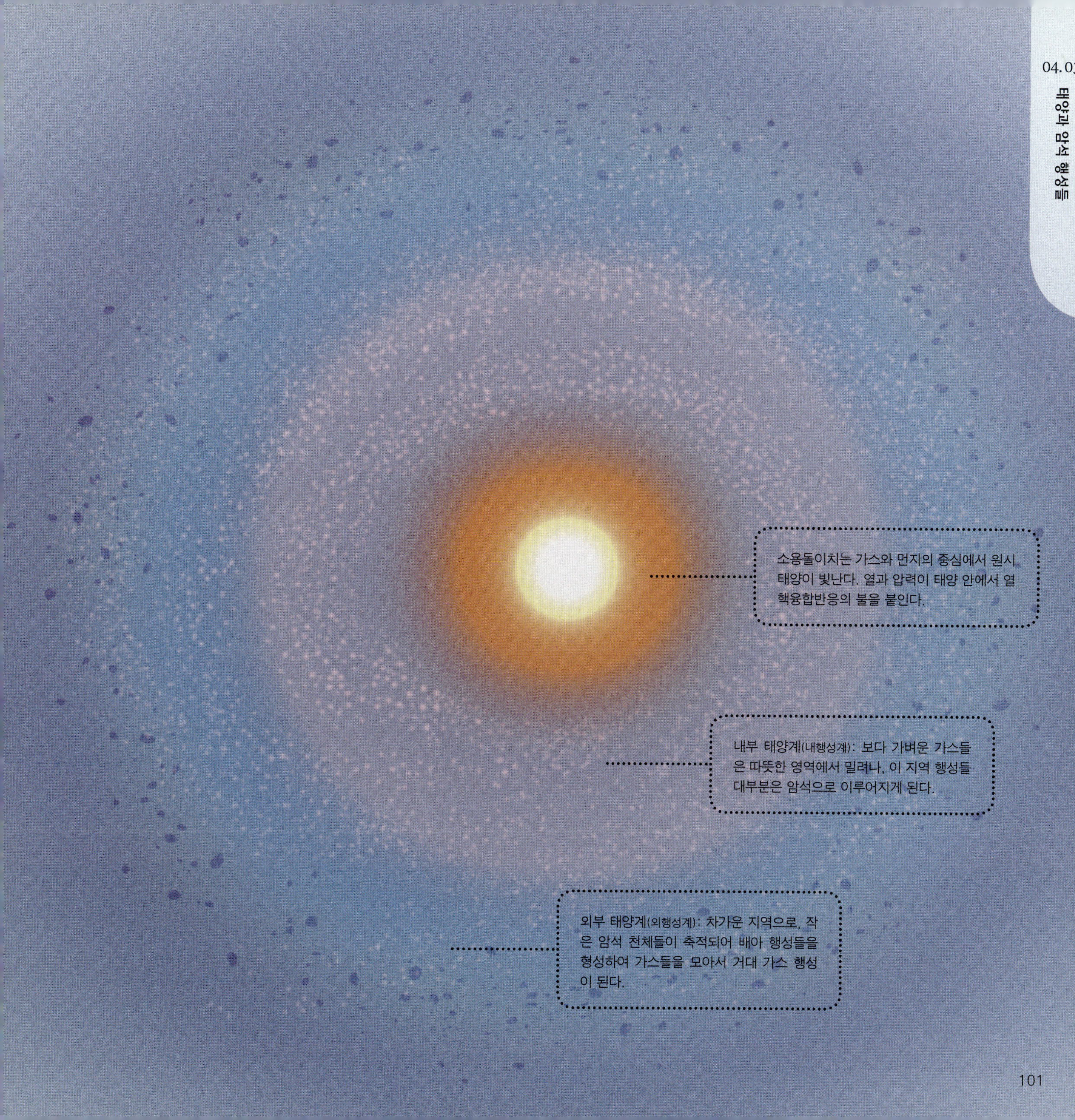

소용돌이치는 가스와 먼지의 중심에서 원시 태양이 빛난다. 열과 압력이 태양 안에서 열 핵융합반응의 불을 붙인다.

내부 태양계(내행성계): 보다 가벼운 가스들은 따뜻한 영역에서 밀려나, 이 지역 행성들 대부분은 암석으로 이루어지게 된다.

외부 태양계(외행성계): 차가운 지역으로, 작은 암석 천체들이 축적되어 배아 행성들을 형성하여 가스들을 모아서 거대 가스 행성이 된다.

 태양의 얼굴

　지난 45억 년 동안 태양계는 평온하고 안정되어 보이는 태양에 의해서 주도되어왔다. 그러나 망원경은 겉보기에 변하지 않는 듯이 보이는 태양이 사실은 요동치는 얼굴을 가지고 있음을 보여주었다.

　태양의 표면은 지름 약 1000㎞의 쌀알조직^{granules}으로 얼룩덜룩한데, 이곳에서 가스가 솟아오르고 가라앉는다. 그중 흑점^{sunspot}들은 숫자와 크기가 증가하다가 11년 주기로 다시 줄어든다. 일식(114쪽 참조) 때는 태양의 밝은 원반이 달 뒤로 가려져서 채층^{chromosphere}('색깔을 띤 구')이라 부르는 밝고 붉게 빛나는 수소 테두리만 보이기도 한다. 홍염^{prominence}은 밝고 붉은 필라멘트 혹은 고리인데, 태양에서 솟아오를 때 볼 수 있다.

코로나

극히 희박하고 희미하지만 극도로 뜨거운 태양의 바깥 대기

우주 이야기

만약 태양에서 나오는 총에너지를 1초 동안만 모을 수 있다면, 현재의 에너지 소비율로 계산했을 때 앞으로 900만 년 동안 미국 전역에 에너지 공급이 가능하다.

플레어

뜨거운 가스의 폭발로 전기를 띤 입자들의 파동을 태양계 밖으로 내보낸다.

경고!

쌍안경이나 망원경으로 태양을 보면 절대로 안 된다. 태양의 상을 종이나 카드에 투영시켜 안전하게 관찰한다는 전제하에서 이 장비들을 사용할 수는 있다. 선글라스나 검은 필름을 통하여 태양을 보는 것 역시 안전하지 않다. 오직 적외선이나 자외선 복사를 차단하도록 설계된 필터만 사용해야 한다.

홍염

표면으로부터 솟아오르는 빛나는 가스 기둥으로, 태양의 자기장이 유출되는 지역에서 팽창하는 고리 모양의 가스들에서 형성된다.

채층

붉게 빛나는 수소 가스층

흑점

상대적으로 온도가 낮고 강력하게 자화된 지역인데, 때때로 지구보다 더 커지기도 한다.

쌀알조직

뜨겁고 밀도가 낮은 태양의 물질들이 표면으로 올라오는 지역. 각 쌀알조직의 중심에서는 물질이 아래쪽에서 올라오고, 식어서 밀도가 높아지면 쌀알조직의 바깥쪽에서 가라앉는다.

04.05 **태양의 해부도**

    태양은 그 중심에서 열핵반응이 시작되면서 원시성에서 진정한 별로 바뀌었다(100~101쪽 참조). 약 74%의 수소와 24%의 헬륨, 그리고 아주 약간의 다른 원소들로 구성되며, 뜨겁고 밀도가 높은 가스 운의 중심에서 이 원소들의 원자들이 분리되어, 전자들과 전자들의 바다에서 헤엄치는 원자핵으로 구성된다.

    수소 원자핵들은 충돌하여 함께 녹아서 새로운 종류의 원자핵, 다시 말해 헬륨을 형성하면서 전자기 복사의 형태로 에너지를 방출한다. 태양은 수소를 헬륨으로 바꿔서 100억 년 동안 에너지를 방출할 수 있으며 현재 그 절반 정도를 소모하였다.

우주 이야기

태양의 중심핵에서는 매초마다 6억 2000만 톤의 수소가 헬륨으로 바뀐다. 그러나 430만 톤은 완전히 사라져서 에너지로 바뀐다.

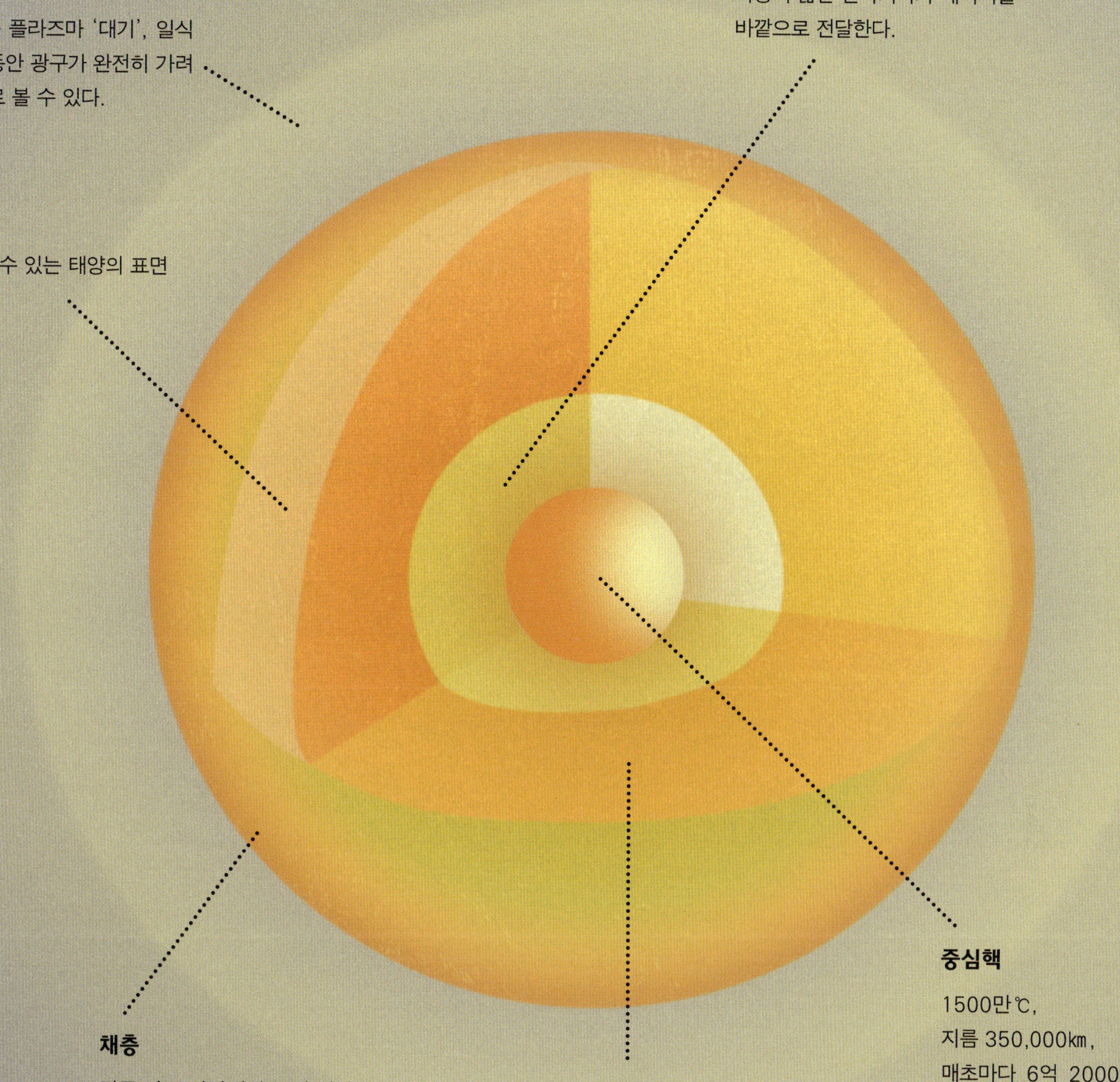

복사층

175,000~490,000km
파장이 짧은 전자기파가 에너지를
바깥으로 전달한다.

코로나

태양의 바깥쪽 플라즈마 '대기', 일식
이 진행되는 동안 광구가 완전히 가려
질 때 맨눈으로 볼 수 있다.

광구

눈으로 볼 수 있는 태양의 표면

중심핵

1500만℃,
지름 350,000km,
매초마다 6억 2000만 톤의 수소가
헬륨으로 바뀐다.

채층

광구 바로 바깥에서 붉게 빛나는
수소 가스층

대류층

490,000km~표면까지.
태양의 에너지는 솟아오르는 뜨거운
가스에 의해 수송되어, 표면에서 식은
뒤 다시 가라앉는다.

 # 수성: 그을린 행성

태양계의 가장 안쪽 행성으로 달과 상당히 닮아 보인다. 공기가 없고 매우 건조한 표면은 마치 후추를 뿌린 듯이 40억 년 전에 형성된 크레이터들이 뒤덮여 있는데, 태양계 안에서 여전히 돌고 있던 수십억 개의 작은 암석질 물체들이 새로 형성된 행성에 떨어져 내렸기 때문이다. 한때 현재 크기보다 훨씬 더 컸지만, 그 바깥층이 비정상적으로 큰 천체와의 충돌로 벗겨져 나갔을 것으로 추측된다. 이러한 가설은 왜 수성이 행성 반지름의 3/4에 이를 정도로 큰 핵을 가지고 있는 지 설명해준다. 수성의 핵은 대부분 밀도가 높은 철로 구성되어 있으며 달처럼 매우 큰 평원은 존재하지 않는다.

수성은 태양에 가까이 있기 때문에, 일몰 직후 혹은 동트기 직전에 잠깐 동안 볼 수 있다. 116일마다 지구에서 관측하기에 가장 좋은 위치에 놓이는데, 이 기간은 수성 자전주기의 2배와 거의 같다. 이때가 되면 수성의 같은 면이 지구 쪽을 향하게 된다는 것을 의미하며 이 때문에 천문학자들이 수성의 자전주기가 58.6일(수성 1년의 2/3)이 아닌 88일(수성의 1년)로 잘못 생각하게 만들었다. 천문학자들은 1965년에 레이더파를 쏘아 수성 표면에서 반사되어 돌아오는 반사파를 측정하여 진실을 알게 되었다.

질량: 3억 3,022만 조 톤, 지구 질량의 0.055배

지름: 4879km

자전주기(일): 58.6일

태양으로부터의 거리: 5,790만km

공전주기(년): 88일

위성의 수: 0

우주 이야기

수성도 미래의 지구 방문자들에게 물을 제공할 수 있을 것이다. 수성의 극지방 가까이에 있는 크레이터 안에는 태양빛이 영구적으로 가려져서 얼음이 남아 있다.

수성의 궤도는 천문학자들을 당혹스럽게 했다. 그 궤도는 케플러의 제1법칙에 들어맞는 타원(46~47쪽 참조)이지만, 그 타원이 천천히 태양 주위를 회전한다. 이 현상을 설명하기 위해 태양 가까이에 아직 발견되지 않은 행성이 있어서 수성의 궤도에 영향을 준다는 가설이 제기되었지만 그런 행성은 없었고, 1916년 아인슈타인이 일반상대성이론으로 이 효과를 설명했다.

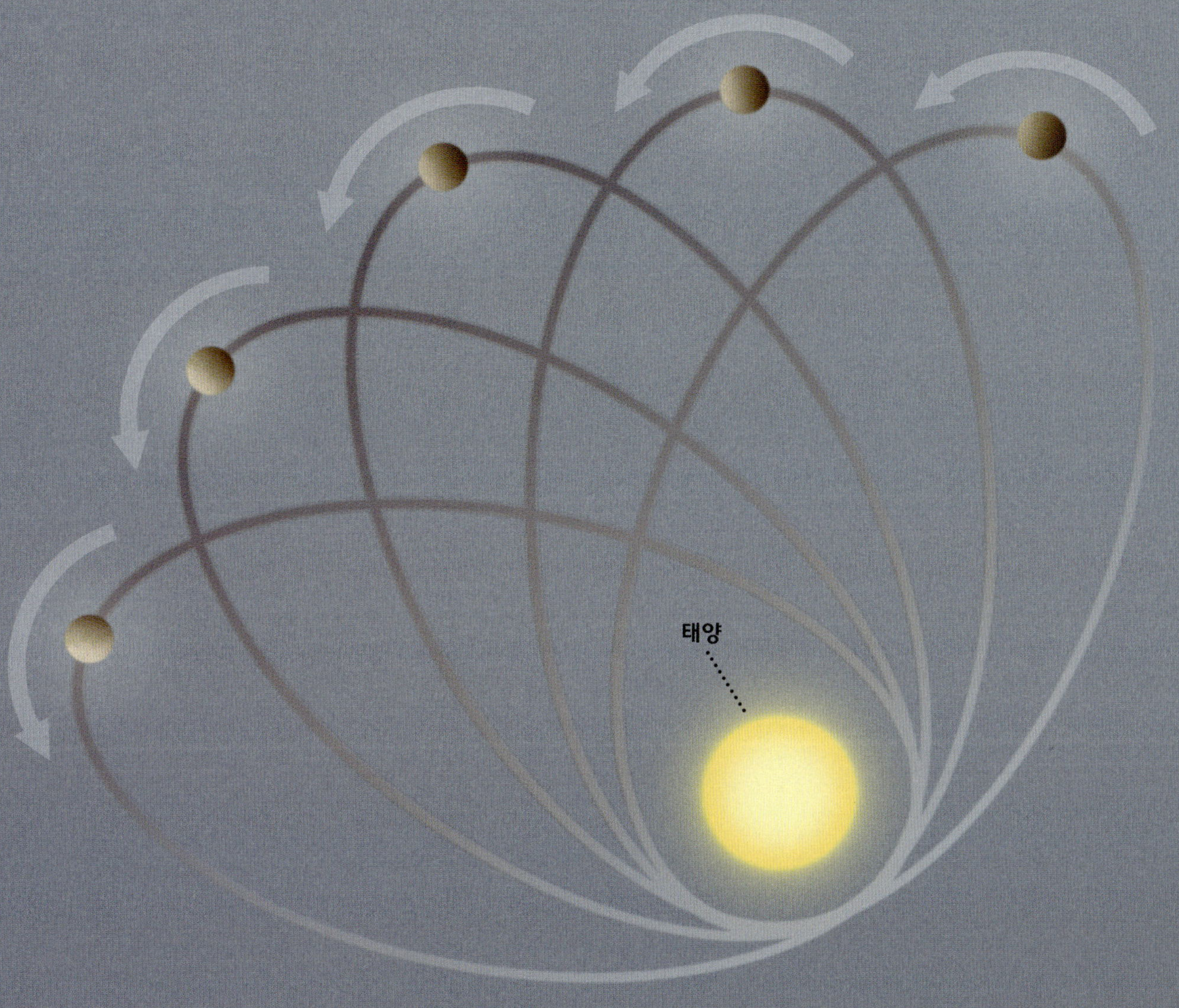

 # 금성: 지옥에서 온 행성

금성이 가장 밝을 때는 아침이나 저녁 하늘에 매달린 빛나는 보석 같다. 너무 밝아서 그림자를 드리우게 할 정도인데, 금성이 밝게 빛나는 이유는 구름이 행성을 완전히 덮고 있는 것에서 기인한다. 과거에는 신중한 천문학자들조차 금성의 구름이 뜨겁고 습한 정글을 감추고 있을 것이라고 생각했다. 금성은 한때 물로 된 대양이 있었을지도 모른다. 그러나 현재는 너무 뜨거워서 물이 존재할 수조차 없다.

구름에 가려진 금성의 표면은 470℃로 납조차 녹일 정도로 뜨겁다. 그리고 눈이 부시게 흰 구름은 작은 황산 방울로 구성되어, 만약 비가 내린다면 황산의 비가 내릴 것이며 땅에 닿기도 전에 증발할 것이다. 대기는 거의 전부가 이산화탄소이고, 기압은 매우 높아서 표고에서의 기압은 지구의 92배나 되어 모든 것을 찌그러뜨릴 정도이다. 또한 이곳의 온실효과는 금성을 수성보다 더 뜨겁게 만들고 있다.

우주 이야기

천문학자들이 처음 레이더파를 이용하여 금성 표면을 조사했을 때 금성이 다른 행성들과 달리 역방향으로 자전하는 것을 발견하고 깜짝 놀랐다. 금성의 자전주기는 약 243일이었다.

궤도를 도는 마젤란 탐사선에서 수행한 레이더 지도 탐사로 그동안 구름에 감춰져 있던 금성 표면의 베일이 벗겨졌다. 이 사진은 가상 컬러 이미지이지만, 여기에 사용된 색상은 붉은 색조의 금성의 암석들과 거의 흡사하다. 사진에서 좀 더 밝게 보이는 지역은 고지대이다. 아래쪽을 가로지른 기다랗고 밝은색으로 보이는 지역은 아프로디테 대륙으로, 적도를 따라 달리는 아주 넓은 고지대이다.

질량: 48억 7,000만 조 톤, 지구 질량의 0.815배

지름: 12,104km, 지구의 0.95배

자전주기(일): 243일

태양으로부터의 거리: 1억 820만km

공전주기(년): 224.7일

위성의 수: 0

 지구 : 집처럼 좋은 행성

지구는 태양계의 '골디락스' 존, 다시 말해 태양에 너무 가깝지도 너무 멀지도 않은 적당한 거리에 존재하여, 아기 곰의 포리지[6]처럼 표면이 너무 뜨겁지도 너무 춥지도 않아서 물이 액체 상태로 존재한다.

또한 내부에 열을 가지고 있다. 그중 일부는 원시가스 성운으로부터 수축되면서 유발된 가열 효과로 남겨진 것이지만, 대부분은 행성 내부에 있는 소량의 방사능 물질에 의한 것이다. 이 내부 열은 뜨거운 액체핵(실제로는 외핵-가장 안쪽 핵은 고체이다)이 있어서, 지구의 자기장을 생성하는 발전기처럼 작용한다. 이 열은 또한 위쪽의 맨틀이라 불리는 암석층을 냄비 안에서 가열되는 수프처럼 들끓게 한다. 이러한 들끓음은 우리가 살고 있는 지구의 지각이 끊임없이 모양을 바꾸는 동력으로 작용한다.

6) 역자 주: 오트밀에 우유나 물을 부어 걸쭉하게 죽처럼 끓인 음식.

우주 이야기

지구에서 가장 흔한 원소는 철이고(32%), 그 다음으로 많은 원소는 산소이다(30%). 이 원소들은 암석질 맨틀과 지각 속에 다른 원소들과 결합되어 있다. 그러나 핵은 거의 순수한 철이며 약간의 니켈을 포함하고 있다. 대기 중에서 가장 흔한 원소는 질소인데, 분자들의 수로 볼 때 대기의 78%를 차지한다. 산소는 대기의 21%를 차지한다.

질량 : 59억 7,400만 조 톤
지름 : 12,756km (적도), 12,714km (극)
자전주기(일) : 23.93시간
태양으로부터의 거리 : 1억 4,960만km
공전주기(년) : 365.26일
위성의 수 : 1

대기

확실한 바깥경계는 없다.
총 질량의 90%는 16km 아래에 있다.

지각

깊이 : 0~60km
가벼운 암석판은 아래쪽의 액체 상태의 뜨거운 암석 위에 떠 있다. 해양분지의 바닥층을 형성하는 지각은 얇고, 대륙을 형성하는 지각은 좀 더 두껍다.

내핵

깊이 : 5,150~6,360km
지름이 2,400km인 내핵은 철로 구성되었으며 태양 표면보다 더 뜨겁다. 위쪽의 질량에 의한 압력으로 짜부러져서 고체 형태이다.

대양

깊이 : 10.9km
액체의 물로 이루어진 대양 표면은 태양계에서 유일하다.

맨틀

깊이 : 35~2,890km
암석질 층으로 뜨거운 물질의 대류 흐름이 끊임없이 융기하였다가 식은 다음 다시 가라앉아서 대륙이동의 동력을 공급한다.

외핵

깊이 : 2,890~5,150km
용융된 철과 니켈. 외핵 속을 흐르는 전류가 행성 자기장을 발생시킨다.

 # 지구: 살아 있는 행성

많은 것들이 결합하여 지구를 생명체에게 도움이 되는 집으로 만들어준다.

⋯▷ 대기는 지구 표면을 따뜻한 온도로 유지시켜서 물이 액체 상태로 머물게 하여, 생명체들의 조직에 필요한 물질을 공급한다.

⋯▷ 지구의 자기장은 지구 표면의 방패막이 되어 태양이나 은하 너머로부터 오는 고에너지 입자들로부터 보호하며 지구의 대기가 벗겨져 나가는 것을 막는다.

⋯▷ 맨틀 내의 대류운동에 의해 형성된 역동적인 표면은 대기로부터 이산화탄소를 흡수하여 온도와 압력을 적당하게 유지한다.

⋯▷ 대기 상층부의 오존층은, 태양빛 안에 있는 해로운 자외선으로부터 유기체를 보호한다.

대기 중의 산소는 극도로 반응성이 강하다. 지구의 식물은 산소가 풍부한 대기를 처음 만들었을 뿐 아니라, 현재에도 끊임없이 다시 보충하고 있다. 만약 천문학자들이 어떤 별 주위에서 산소가 풍부한 대기를 찾아낸다면, 그것은 그 세계에 생명이 있다는 매우 강력한 신호이다.

우주 이야기

지구는 태어날 때부터 현재 보유하고 있는 모든 물을 갖고 있었던 것은 아니다. 대부분은 지구가 태어난 지 얼마 안 되어 혜성처럼 태양계 외곽에서 온 얼음 천체들의 충돌로부터 유입된 것이다.

지구가 탄생하고 처음 10억 년 동안, 최초로 자기복제를 하는 복잡한 분자들이 형성되었다. 그곳이 깊은 바다 안이었는지, 호수 혹은 툰드라 얼음 속이었는지는 모른다. 번식하면서 변이가 생기고, 환경에 의한 자연선택이 함께 일어나면서 한층 더 복잡한 형태로 확산되게 되었다.

 달: 밤의 등불

달의 '변덕스러움'은 달과 태양이 있는 방향이 계속 변하는 데서 기인하는 결과이다. 달의 모양은, 태양의 조명을 받는 부분을 우리가 얼마나 더 보느냐 아니면 덜 보느냐에 달려 있다. 예를 들면 보름달일 때는 달이 태양의 반대편에 있어서 빛을 받는 면이 우리를 향하고 있을 때이다.

보름이 지난 후 약 27일 8시간이 지나면 달은, 별을 기준으로 보면 지구 주위를 한 바퀴 돈다. 동시에 달과 지구는 태양 주위를 도는 전체궤도의 약 1/12만큼 돌아간다. 따라서 달이 태양 반대편 위치(역자 주: 보름이 되는 위치)까지 돌아오려면 좀 더 시간이 걸린다. 그래서 달이 자신의 위상으로 돌아오는 데 걸리는 시간은 약 29일 13시간이다.

때때로 보름에는 달의 전부 혹은 일부가 지구의 그림자 속으로 들어가기도 하는데 이것이 월식이다.

질량 : 7,350만 조 톤, 지구의 0.0123배

지름 : 3,476km, 지구의 0.95배

자전주기 = 공전주기 : 27.3일

지구로부터의 거리 : 384,400km

위성의 수 : 0

우주 이야기

가끔 달이 태양과 거의 정확하게 같은 크기가 될 때가 있다. 때로는 신월에 정확하게 지구와 태양 사이를 지나가기도 하는데 이때 달의 그림자가 지구에 드리우게 되면, 일식이 일어나서 짧은 기간 동안 태양은 완전히 혹은 부분적으로 가려지게 된다.

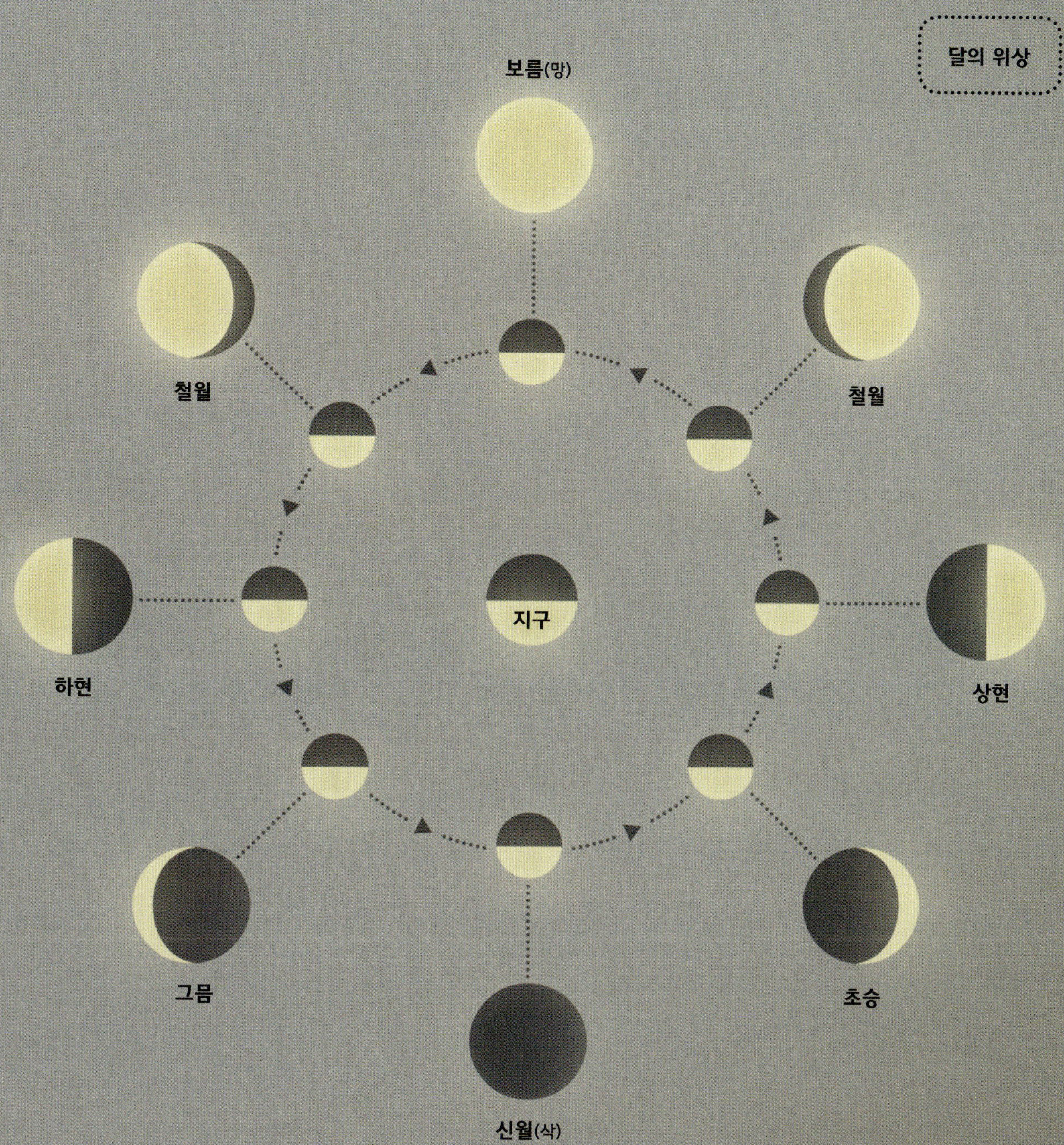
달의 위상
보름(망)
철월
철월
하현
상현
지구
그믐
초승
신월(삭)

 달: 지구의 동반자

달은 매우 건조하고, 공기도 없고, 생명체도 없는 불모의 땅이다. 2주간 지속되는 낮 기간 동안에는 태양에 의해 그을리고, 같은 기간의 밤 동안에는 영하 170℃까지 냉각된다. 우리가 맨눈으로 볼 수 있는 달의 어두운 부분은 마리아(단수는 마레)라 불리는데, 라틴어로 '바다'라는 뜻이다. 사실 이들은 한때 녹은 용암의 바다였는데, 지금은 굳어서 암석 평원이 되었다. 마리아가 달 내부로부터 분출되었을 때, 이전 지역이 뒤덮여져서 평평해진 것이다.

그 밖의 지역, 다시 말해 달의 고원들에는 오래된 풍경들이 남아 있다. 수많은 크레이터 위에 다시 수많은 크레이터들이 뒤덮여 마치 광대한 전쟁터를 방불케 하는데, 크레이터들은 태양계가 생성된 지 얼마 되지 않았을 때 작은 암석질 덩어리들이 달 표면에 폭격처럼 쏟아져 내려 생성된 것이다. 어떤 크레이터들 주위에는 분출된 물질들이 만든 밝은색의 선들이 수백 킬로미터나 뻗어 있다.

아폴로 8호가 1968년에 처음 달 주위를 일주하기 전까지 인류에게 알려지지 않았던 달의 뒷면은 마리아가 거의 없으며 크레이터들로 뒤덮여 있다.

우주 이야기

유진 서난은 아폴로 계획의 마지막 미션인 아폴로 17호를 타고 가 1972년 12월 19일 달 표면을 걸었던 마지막 우주인이다. 그런데 달에 도착한 또 다른 유진이 있었다. 1999년 7월 미국 천문학자 유진 슈메이커(1928~1997)의 유해 일부를 담은 병을 싣고 떠난 달 탐사선 루나 프로스펙터가 달에 충돌하면서 유해가 달에 뿌려졌다.

달의 탄생

현재 가장 유력한 학설에 따르면 달은 45억 년 전에 탄생했다. 오늘날 화성 크기의 천체가 유년기 지구와 충돌하여 만들어진 것으로 보고 있다. 충돌한 천체와 지구의 외곽층 파편들은 우주 공간으로 떨어져 나갔다가 일부는 다시 지구로 떨어졌으며, 일부는 고리를 이루며 지구 궤도를 돌다가 후에 뭉쳐져서 달을 형성하였다는 것이다. 이 가설은 왜 달이 지구의 바깥층 암석과 유사한지를 설명해준다.

04.12 화성 : 붉은 행성

　2년마다 화성은 지구에 가장 가까이 접근하여, 밤하늘에서 밝고 붉게 빛나는 '별'이 된다. 19세기에 망원경으로 밝혀진 화성의 모습은 어떤 점에서는 지구와 매우 흡사한 세상처럼 보였다. 화성의 여름이 되면 하얗고 밝게 빛나는 극관은 줄어들었고, 그 밖의 지역은 어두운 반점들이 증가해 식물들이 있는 것처럼 보였다.

　한때 지구처럼 같은 식물이 무성한 행성으로 생각되던 화성은 과학이 발전함에 따라 점차 죽어가는 행성으로 바뀌었다가 현재는 불모의 사막으로 생각되고 있다. 화성은 에드거 라이스 버로스가 쓴 《타잔 시리즈》에 등장하는 크레이터 화성 이야기처럼 상상 속 모험세계가 되었으며, 1898년에 출간된 조지 웰스의 《우주 전쟁》에서는 지구를 공격하는 기지가 되었다. 우주탐사선이 화성의 진실을 밝혀냈을 때(120~121쪽 참조), 공상소설 작가들은 개작을 해야 했지만, 화성은 여전히 작가들의 상상의 세계를 풍요롭게 해주고 있다.

현재의 화성

화성은 차갑고 건조하여 생명체에 적대적이다. 이 붉은 사막은 붉은 빛을 띤 철이 풍부한 암석으로 구성되는데, 기본적으로 철이 녹슨 것과 같은 형태이다.

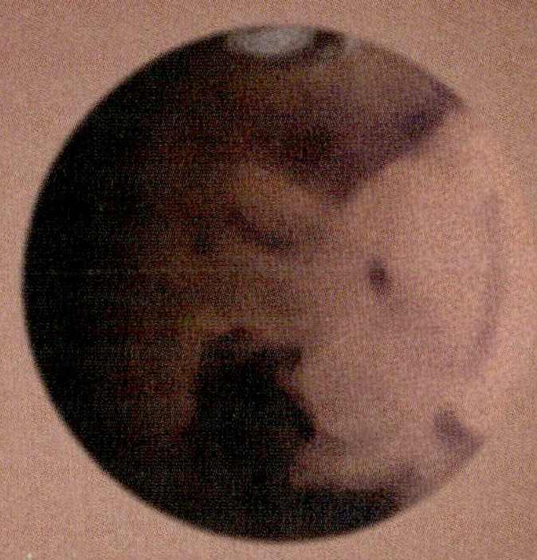

비를 내리게 한다

화성의 대기를 데운다. 아마도 CFC 온실가스를 실은 로켓을 이용하거나, 극지방에 검댕을 살포하여 빛을 흡수하게 만들거나, 지면을 따뜻하게 하여 얼어붙은 이산화탄소를 방출해 온도를 높임으로써 물이 대기 속의 수증기가 되게 하여 비를 내리게 한다.

행성을 녹화한다

대양 분지가 채워지면, 보다 따뜻해지고 습기를 머금은 행성이 되어 지구에서 가져간 식물이 번창할 수 있다.

새로운 지구

수천 년이 지나면 인간과 동물이 개조된 화성 표면에서 살아갈 수 있게 된다.

 실제의 화성

　1965년 미국의 마리너 5호가 처음으로 화성 근접사진을 찍었을 때, 천문학자들은 운하가 없는 것을 보고 놀라지 않았다. 대신 남반구가 크레이터로 덮여 있는 것을 발견하고 놀랐다. 지구에서 망원경으로 관측한 화성의 흐릿한 사진에는 크레이터가 보이지 않았을 뿐 아니라 거의 어느 누구도 그것을 예측하지 못했기 때문이었다.

- 화성의 대기는 거의 대부분 이산화탄소로 구성되어 있다. 대기는 극히 얇아서 기압이 가장 높은 곳, 다시 말해 가장 고도가 낮은 지역에서도 지구 대기압의 약 1% 정도밖에 되지 않는다.

- 극관은 물의 얼음이다. 남극관은 두껍게 얼어붙은 이산화탄소로 영구적으로 덮여 있다. 북극관은 겨울철에 보다 더 얇은 이산화탄소 층으로 덮였다가 여름 동안에는 승화(액체가 되지 않고 기화하는 것)된다.

- 겨울철에는 대기의 1/4 이상이 얼어서 극관을 형성하였다가 다시 승화된다. 이 때문에 대기압은 행성 전체에 걸쳐서 크게 변한다. 대기가 매우 얇음에도 불구하고 극심한 모래폭풍이 일어나 행성 전체를 완전히 덮어버린다.

- 광대한 협곡은 마리네리스 협곡('마리너의 협곡'이라는 뜻으로 협곡을 발견한 탐사선의 이름을 딴 것이다)으로 불리는데, 화성 적도의 1/4을 차지한다.

- 화성은 태양계에서 가장 높은 올림푸스 산을 자랑한다. 그 주변 지형 위로 22,000m 높이로 솟아 있는데 지구에서 가장 높은 산인 에베레스트 산은 해면으로부터 8,848m 높이이다. 그러나 올림푸스 산은 폭이 매우 넓을 뿐 아니라 경사도 매우 완만하여서 그 바닥에서도 그 정상에서도 높이를 가늠하기 어렵다.

화성의 표면

화성의 표면은 붉고, 철이 풍부한 암석과 모래로 구성된다. 크레이터가 많지만 바람의 작용으로 오랫동안 침식되어왔다. 표면은 곳곳이 물이 흘러내려서 만들어진 도랑들에 의해 침식되어 있다.

질량: 6억 4,200만 조 톤, 지구의 0.107 배
지름 : 6,792km
자전주기(일): 24.62 시간
태양으로 부터의 거리 : 2억 2,800만km
공전주기(년): 687일
위성의 수: 2

우주 이야기

화성 주위에는 두 개의 작은 위성, 데이모스('두려움')와 포보스('공포')가 있다. 안쪽 위성인 포보스는 7시간 39분마다 화성 주위를 쌩하고 지나가며 도는데 이는 화성의 자전속도보다 더 빠른 것이다. 따라서 화성 표면에서 볼 때 포보스는 서쪽에서 떠서 동쪽으로 지는 것처럼 보인다. 조나단 스위프트는 불가사의하게 1726년에 발표한 《걸리버 여행기》에서 화성에 두 개의 달이 있다고 예측했다. 걸리버의 3번째 여행에서 걸리버는 광기어린 과학자들에 의해 통치되는 공중에 떠 있는 섬인 라퓨타를 방문한다. 그들은 걸리버에게 화성의 두 개의 달에 대한 상세한 정보(매우 정확하지는 않다)를 주는데, 이 위성들은 1877년까지 발견되지 않았다.

제5장

거대 가스 행성과 왜성

 # 목성: 행성들의 군주

거대한 질량을 가진 가장 큰 행성인 목성은 태양계를 지배한다. 목성의 중력은 목성과 화성 사이의 거대한 간극을 형성하여 행성이 생겨나는 것을 금지하고 있다(56~57쪽 참조). 목성은 바깥쪽 이웃 행성인 토성(목성 질량의 30%)의 운동에도 영향을 미치고 있다. 목성이 태양 주위를 5바퀴 도는 동안 토성은 태양 주위를 두 바퀴 돈다.

목성 질량의 3/4는 수소이다. 나머지 대부분은 헬륨이고, 그 밖에 약간의 암모니아와 메테인, 그리고 다른 많은 물질들이 미량으로 포함되어 있다. 행성의 빠른 자전으로 인해 적도 부분이 눈에 띄게 부풀었고, 구름계가 적도에 밝은 지역과 어두운 구름 띠를 형성하게 만들었다.

목성 내부로 들어가면 깊이에 따라 온도와 압력이 상승한다. 내부의 대부분은 수소가 금속 같은 상태로 압착되어 있고, 중심에는 수소가 암석과 섞여 단단한 핵을 이루고 있을 것으로 추측하고 있다.

우주 이야기

1994년 슈메이커-레비 제9혜성이 목성과 충돌했다. 목성의 뒤편에서 충돌이 일어나 지구에서는 볼 수 없었지만 갈릴레오 탐사선에 의해 관측할 수 있었다. 목성이 자전하자 혜성 충돌로 대기 중에 새겨진 반점들을 볼 수 있었는데 이는 수개월 동안 지속되었다.

질량: 1조 8,990억 조 톤, 지구 질량의 318배
지름(적도): 14만 2,984km
자전주기(일): 9.92시간
태양으로부터의 거리: 7억 7,850만km
공전주기(년): 4,331.6일
위성의 수(적어도): 64

목성은 거대한 구체로, 지름이 지구보다 10배 이상 크고, 밝은 지역과 어두운 구름 벨트로 띠를 두르고 있는 모습이다.

대적점

대적점은 지구보다 크기가 더 큰 폭풍으로, 처음 발견된 이래 수세기 동안 목성의 남반구에서 몰아치고 있다.

위성과 그림자

목성의 위성이 지나가면서 목성과 태양 사이에 끼어들어 목성 표면에 그림자를 드리우고 있다.

 목성: 태양계의 축소판

목성은 적어도 64개의 위성을 거느리고 있으며 새로운 위성들이 발견되면 위성의 수는 계속 늘어날 것이다. 천문학자들은 목성이 과거에는 훨씬 더 많은 위성들을 거느리고 있었을 것으로 보고 있다. 목성의 강한 중력은 탐욕스럽게 새로운 작은 나그네들을 자신의 영역으로 끌어들여 삼켰을 것이기 때문이다.

가장 안쪽에 있는 8개의 위성들은 태양계의 원시가스와 먼지 원반에서 목성과 함께 태어났을 것으로 보인다. 이들 중 4개는 작은 암석질의 위성으로 태양계의 암석질 내행성과 유사하다. 그 바깥에 있는 4개의 위성들은 목성의 가장 큰 위성들로, 가장 안쪽에 있는 것은 이오인데, 목성의 중력 크기가 다른 지역을 통과하며 끊임없이 잡아 늘려지고 압축되면서 내부에 열이 발생하여 많은 화산이 형성되었다. 그 바깥에는 유로파와 가니메데가 있는데 상대적으로 더 적은 양의 중력 스트레스를 받고 있지만 그럼에도 불구하고 그들의 핵을 녹일 정도로 충분한 열이 발생되고 있다. 가장 바깥에 있는 위성 칼리스토는 상대적으로 먼 거리에 있어서 중력 가열을 거의 받지 않고 있다.

목성의 다른 위성들은 작고, 태양계의 다른 지역에서 형성된 천체들로 목성의 중력에 의해 포획되었다. 이들은 경사진 궤도를 돌며, 긴 타원궤도를 돌거나 때로는 역행-다시 말해 목성의 자전방향과 반대방향으로 공전하는 것도 있다.

우주 이야기

목성은 희미하고 어두운 고리를 가지고 있는데, 1979년 보이저 탐사선이 근접사진을 찍기 전까지는 알려지지 않았다. 이는 가장 안쪽에 있는 위성들의 표면에 운석의 충돌로 폭발한 먼지에 의해 형성된 것이다.

갈릴레이 위성들

목성의 가장 크고 가장 밝은 4개의 위성들은 적어도 두 사람의 과학자가 망원경으로 하늘을 관측하다가 1609년과 1610년에 발견했다. 독일의 천문학자 시몬 마리우스와 이탈리아의 천재 과학자 갈릴레오 갈릴레이로, 갈릴레이는 관측 결과를 새로운 세계관과 새로운 물리학 개척을 위한 전투에 활용했고 위성들은 그의 이름을 따서 갈릴레이 위성이라 불리게 되었다.

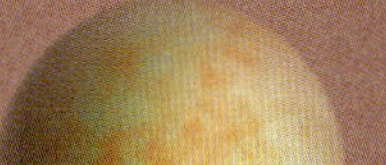

이오

이오는 갈릴레이에 의해 발견된 두 번째로 작은 위성이다. 목성에 가장 가까워서 아마도 태양계 전체에서 가장 활동적인 천체일 것이다. 그 표면은 화산에서 분출된 유황으로 뒤덮여 온통 붉은색과 노란색으로 채색되어 있다.

유로파

매끄러운 표면은 물의 얼음으로 금이 간 많은 선들이 교차한 모습을 하고 있다. 아래에서 솟아 올라오는 좀 더 따뜻한 해류가 표면을 휘젓고 충돌 흔적들을 지운다.

가니메데

태양계에서 가장 큰 위성이다. 가니메데는 행성인 수성보다 더 크다. 얼음과 암석으로 구성되었고 자기장을 가지고 있는데, 용융된 핵으로부터 생성된 것으로 보인다.

칼리스토

얼음과 암석으로 된 어두운 구형으로, 수성과 거의 비슷한 크기이다. 표면에는 화산활동의 흔적이 없으며, 고대의 충돌 크레이터들로 흠집이 나 있다.

 # 토성: 고리를 두른 행성

　　천문학자의 망원경으로 볼 수 있는 가장 아름다운 광경은 토성일 것이다. 토성의 크고 밝은 고리는 토성 주위를 돌고 있는 얼음 알갱이들로 이루어져 있으며, 작은 낱알 크기에서부터 작은 자동차 크기까지 다양한 크기의 덩어리들로 이루어져 있다. 토성은 빠르게 자전하고 있어서 눈에 띄게 납작하거나 찌그러진 모양을 하고 있는데, 극방향의 지름이 적도 지름보다 10% 정도 더 작다.

　　토성의 평균밀도는 실제로 물보다 더 작다. 그러나 행성 중심에는 밀도가 높은 암석질 핵이 있고 토성 몸체 중 기체 부분은 약 90%의 수소와 나머지 대부분을 헬륨이 차지하고 있다. 토성 표면에 보이는 밝은색의 타원형 점들은 토성 표면에서 불고 있는 폭풍으로, 토성의 1년(지구의 29.5년)마다 한번씩 대백점이라는 형태의 거대한 폭풍으로 발달한다. 이 대백점은 목성의 대적점(125쪽 참조)보다 조금 작은 크기이다.

우주 이야기

갈릴레오가 1610년 자신이 제작한 망원경으로 처음 토성을 관찰했을 때, 그는 행성 주위에서 이상한 것을 발견했다. 그는 그것이 토성을 돌고 있는 두 개의 위성이거나 양쪽 귀를 가진 하나의 천체라고 생각했다. 그러나 1612년에 토성의 고리는 옆면이 지구를 향하게 되어 보이지 않았다. 하지만 다음 해에 다시 나타나 갈릴레오는 혼란에 빠졌다. 1755년에 이르러서야 네덜란드의 천문학자 크리스티앙 호이겐스는 토성이 고리로 둘러싸여 있다는 것을 알아차렸다.

질량 : 5,685억 조 톤, 지구 질량의 95.1배

지름(적도) : 12만 536 km

자전주기(일) : 10.7 시간

태양으로부터의 거리 : 14억 3,350만 km

공전주기(년) : 10,759일

위성의 수(적어도) : 62

 토성: 링릿(작은 고리)**과 블레이드**(장식용 수술)

우주과학자들은 1980년대 초기에 보이저 탐사선이 보내온 토성의 근접사진을 보고는 크게 놀랐다. 믿을 수 없을 정도로 복잡한 구조를 가진 고리의 존재를 아무도 예상하지 못했기 때문이었다. 그래서 우리가 중력을 이해하는 데 뭔가 알지 못하는 결점을 갖고 있는 것은 아닌가 의문을 가진 이들도 있었다.

- 지구에서 볼 때 널따랗게 보이는 고리는 수천 개의 가는 고리와 음향효과를 넣은 작은 고리[ringlet]들로 이루어져 있었다.

- 어떤 작은 고리에는 일시적인 뒤틀림이 생겨나서 장식용 수술처럼 보이기도 한다.

- 고리 안에 바퀴살이 나타났다 사라진다.

- 희미하고 얇은 고리들이 발견되었다. 이것은 놀라운 일이 아니며 때때로 불완전한 형태로 호 모양을 하고 있다.

오늘날에는 고리를 더 잘 이해하게 되어 뉴턴의 중력이론에 대해서 의문을 가질 필요가 없게 되었다. 토성의 위성들은 고리의 모양을 빚어내는 데 결정적인 역할을 한다.

- 때때로 위성들은 고리 안에 간극을 만드는 힘을 미친다. 예를 들어 카시니 간극은 고리 너머에 있는 미마스 위성의 통제를 받는다. 만약 어떤 입자가 제 위치를 벗어나 간극 안으로 들어오면 미마스가 토성 주위 궤도를 한 번 도는 동안 입자는 두 번 돌게 되는데, 이때 궤도 밖으로 내몰리는 방해를 받게 된다.

- 고리들 내부에 있는 위성들은 간극을 청소하는 역할을 한다. 예를 들어 판 위성은 엥케간극 안에서 돌고 있다.

- 전기력도 입자들 다발이 고리 위쪽에 바퀴살을 형성하도록 붙들어두는 역할을 하는 것으로 보인다.

- 지나가는 위성들에 의해 고리들 안에는 물결과 잔물결이 생겨난다.

고리들은 위성 간의 충돌로 박살나거나 거대 행성인 토성에 너무 가까이 접근하여 토성의 중력에 의해 부수어진 위성의 잔해일지도 모른다. 지금까지는 이와 같은 사건이 태양계 초기에 일어났는지 아니면 이보다 훨씬 최근에 일어났는지 밝혀지지 않았다.

엥케간극

주위를 지나는 토성의 위성 판의 중력 때문에 만들어졌다. 가느다란 고리에 마디 모양의 파동이 간극을 만든다.

G고리

희미하고 얇은 G고리는 고리의 나머지 부분보다 더 밀도가 높은 끊어진 단면 혹은 호로 이루어져 있으며, 중심에는 아이가이온이라 불리는 아주 작은 위성이 있다.

카시니 간극

고리 바깥에서 돌고 있는 위성 미마스의 중력적인 영향이 이 지역을 입자들이 없는 깨끗한 곳으로 유지시킨다.

C고리

미약하고 탁한 띠로, 그 모습 때문에 크레이프(작은 주름이나 선이 두드러져 있어 표면이 오돌토돌한 얇고 가벼운 직물) 고리라 불린다.

A고리

지구에서 발견된 3개의 고리 중 가장 바깥에 있는 고리이다. 바깥쪽 가장자리는 고리 바로 바깥에 있는 두 개의 작은 위성 야누스와 에피메테우스의 효과에 의해 선명하게 윤곽이 드러난다.

D고리

D고리는 C고리 안쪽에 존재하며 훨씬 더 어둡다. 주로 커다란 먼지로 구성되며 안쪽으로 확장되어 토성의 대기 상층부 위까지 이어진다.

B고리

B고리는 가장 넓고 가장 밝은 고리로 대부분의 질량을 차지한다. 근접해서 보면 홈이 새겨진 레코드판처럼 보인다.

F고리

얇은 F고리는 두 목자위성들, 프로메테우스와 판도라에 의해 유지된다. 이 위성들은 고리 양쪽에서 궤도를 돌면서 고리를 이루는 물질들이 흩어지는 것을 막고 있다.

E고리

가장 바깥쪽에 있는 광대하고 산만한 고리(이쪽의 모서리보다 훨씬 더 멀리 퍼져 있다)는 위성 엔켈라두스의 얼음 화산으로부터 방출되는 미세한 알갱이들로 구성된다.

우주 이야기

만약 토성 고리계 안에 있는 모든 물질을 하나로 모은다면, 아마도 지름이 약 400㎞인 위성 미마스보다 더 작은 공을 만들 수 있을 것이다.

 # 토성의 위성들

60개가 넘는 위성들이 떼를 지어 토성 주위를 돌고 있다. 여기에는 고리를 구성하는 셀 수 없이 많은 얼음 알갱이들과 덩어리들, 그 숫자가 알려지지 않은 지름 400m 이하의 작은 위성들 혹은 미니 위성들은 포함되지 않았다. 이 작은 위성들은 고리 내부에서 움직이며 훨씬 복잡한 구조를 만들어낸다.

지구로부터 6년 넘게 날아가 2004년 토성에 도착한 카시니 탐사선은 10년째 토성의 고리계와 위성들을 끊임없이 탐사하고 있다. 이 미션의 하이라이트는 가장 큰 위성 타이탄의 짙은 대기를 뚫고 호이겐스 탐사봉을 낙하산에 매달아 착륙시키는 것이었다. 탐사봉은 내려가면서 바위투성이의 산이 많은 풍경을 닮은 사진을 전송해왔다. 착륙 후에는 얼음으로 만들어진 듯한 '조약돌들'이 흩뿌려진 착륙지점 주위의 땅바닥을 보여주었다.

우주 이야기

조반니 카시니는 1671년 토성에서 3번째로 큰 위성 이아페투스를 발견한 뒤 토성의 한쪽 편에서만 그 위성을 볼 수 있음에 어리둥절해했다. 그것은 위성이 토성의 다른 쪽으로 옮겨갔을 때 사라졌기 때문이었다. 그는 궤도운동을 따라가는 이아페투스의 측면이 밝은 반면, 앞면은 위성 내부나 우주에서 온 보다 더 어두운 물질로 덮여 있음을 알아차렸다.

엔켈라두스

토성의 6번째로 큰 위성은 얼음에 뒤덮여 있으나 표면은 활동이 활발하여 많은 홈들이 패이고 절벽으로 뒤덮여 있다. 얼음 화산은 자주 분출하고 있으며, 이는 내부에 액체 상태의 물이 있음을 암시할 뿐 아니라 표면 아래 생명을 포함하고 있을 가능성도 내포한다.

디오네

디오네는 암석질 핵과 얼음으로 뒤덮인 구체이다. 지질 활동으로 인해 곳곳에 수백 미터 높이로 치솟은 높은 얼음 절벽들이 있는데, 그중 상당수는 최근에 만들어진 것으로 보인다.

타이탄

태양계에서 두 번째로 큰 위성인(가장 큰 위성은 목성의 위성인 가니메데이다) 타이탄은 수성보다 크고 화성보다 약간 작다. 질소와 약간의 메테인으로 이루어진 밀도가 높은 대기를 가지고 있으며, 오렌지 스모그로 인해 가시광에 불투명하게 보인다. 표면에는 액체 메테인 호수가 있다.

포이베

포이베의 표면에 빼곡한 크고 작은 크레이터들은 과거에 있었던 충돌의 역사를 증거한다. 이 위성은 토성 주위를 역방향으로 공전하고 있는데 이는 태양계의 다른 곳에서 형성된 후 포획되었기 때문이다.

05.06 천왕성: 기울어진 행성

천왕성은 맨눈으로 보이지 않는 행성 중에 처음으로 발견된 행성으로, 토성과 태양의 거리에 그 거리를 더한 만큼 떨어진 곳에 위치한다. 청록색 거대 가스 행성으로 옆으로 누워서 굴러가는 것처럼 보이며, 태양계 생성 초기에 지구 크기의 천체가 충돌하여 행성을 옆으로 눕게 만들었다고 보고 있다. 그 결과 각 극점이 번갈아 천왕성의 1년인 84년의 절반 동안 태양을 향하게 된다. 이 기간 동안 행성의 절반은 여름이 된다. 하지만 비록 여름이라 해도 밝기가 지구의 1/400정도밖에 되지 않는다.

천왕성은 목성이나 토성보다 작으며, 지구 지름의 4배 크기이다. 천왕성이 청록색을 띠는 것은 대기 상층부에 있는 메테인의 연무에 기인한다. 두꺼운 가스 대기는 대부분이 수소와 헬륨으로 구성된 목성이나 토성의 것과 유사하지만, 더 많은 수증기와 암모니아 메테인 그리고 다른 화합물을 포함한다. 또 암석질의 뜨거운 핵을 가지고 있다.

천왕성의 얇고 어두운 고리는 천왕성이 별들 앞을 지나가며 별들을 깜빡거리게 만드는 현상을 통해서 발견되었다.

천왕성은 역자전, 다시 말해 행성이 태양 주위를 공전하는 방향과 반대방향으로 자전한다. 어떤 행성이 '반대로' 자전한다면, 어느 극이 북극일까? 여러분은 행성이 반시계방향(지구와 같이)으로 자전하는 극이 북극이라고 말할지도 모른다. 그러나 국제천문연맹에서는 그 반대 극이라는 판정을 내렸는데, 이는 지구 위에 사는 우리가 하늘의 북쪽 반쪽, 다시 말해 대략 북극성(26~27쪽 참조)을 중심으로 반쪽을 향하기 때문이다.

천왕성의 고리들은 행성의 적도와 나란히 놓이
며 행성의 궤도면에 대해서 오른쪽으로 약간 기
울어져 있다. 이들은 토성의 고리에 비하면 얇
고 흐릿하다. 메테인 결정체로 된 눈부시게 흰
구름이 행성 위 청록색 메테인 연무를 흩트려
놓고 있다.

질량 : 868억 조 톤, 지구 질량의 14.5배

지름(적도): 5만 1,118km

자전주기(일): 17.2시간

태양으로부터의 거리 : 28억 7,250만km

공전주기(년): 84.3년

위성의 수(최소한): 27

 해왕성 : 가장 먼 행성

해왕성은 천왕성의 활기 넘치는 쌍둥이처럼 보인다. 약간 더 큰 질량을 가지고 있음에도 불구하고 여분의 질량이 내부를 압착시켜 크기는 좀 더 작다. 천왕성과 마찬가지로 해왕성의 바깥쪽은 대부분 수소와 헬륨으로, 내부는 뜨거운 암석질 핵과 다른 화합물로 구성된다. 그러나 알려지지 않은 이유로 해왕성은 천왕성보다 더 푸른 색조를 띤다. 해왕성에 대해서 우리가 알고 있는 대부분의 내용은 1989년에 이 행성을 방문하여 탐사하고 지나간 유일한 탐사선 보이저 2호로부터 얻은 것이다.

해왕성은 이론상으로 먼저 예측된 후에 망원경으로 발견되었다. 영국 천문학자 존 코치 아담스와 프랑스의 수학자 위르뱅 르베리에는 각각 독립적으로 천왕성의 운동에 영향을 초래하는 것으로 보이는 미지 행성의 위치를 계산해냈다. 서로는 몰랐지만, 미지의 천체에 대한 계산 결과는 매우 유사했다. 르베리에의 예측을 이용하여 독일의 관측천문학자 요한 갈레가 1864년 9월 23일 예측된 위치 가까이에서 해왕성을 발견했다. 하지만 아담스의 예측은 영국의 관측천문학자 제임스 찰리스가 소홀히 받아들여 해왕성이 그의 시야에 들어왔음에도 놓치고 말았다. 그럼에도 아담스는 해왕성의 공동 발견자로 인정을 받고 있다.

우주 이야기

해왕성은 공식적으로 명명된 5개의 고리와 다소 모호하여 명명되지 않은 고리들을 갖고 있다. 밝은 아담스 고리에는 5개의 호와 밀도가 높은 지역이 있다. 이들은 수명이 길어서 보이저 2호가 처음 발견한 이래 거의 변하지 않았다. 하나 혹은 그 이상의 위성들의 중력적 끌림으로 어느 정도 위치가 유지되며, 운석 충돌에 의해 위성으로부터 불어오는 물질들로 채워진다.

바깥쪽 태양계의 어둠 속에서 지구가 받는 태양 빛의 1/900 정도밖에 받지 못하며, 해왕성의 푸르스름한 원반은 어렴풋이 빛나고 있다. 지구 크기의 어두운 점들이 이따금 해왕성의 대기 속에 모습을 드러낸다. 이들은 목성의 대적점을 닮은 폭풍인데, 수명이 짧다.

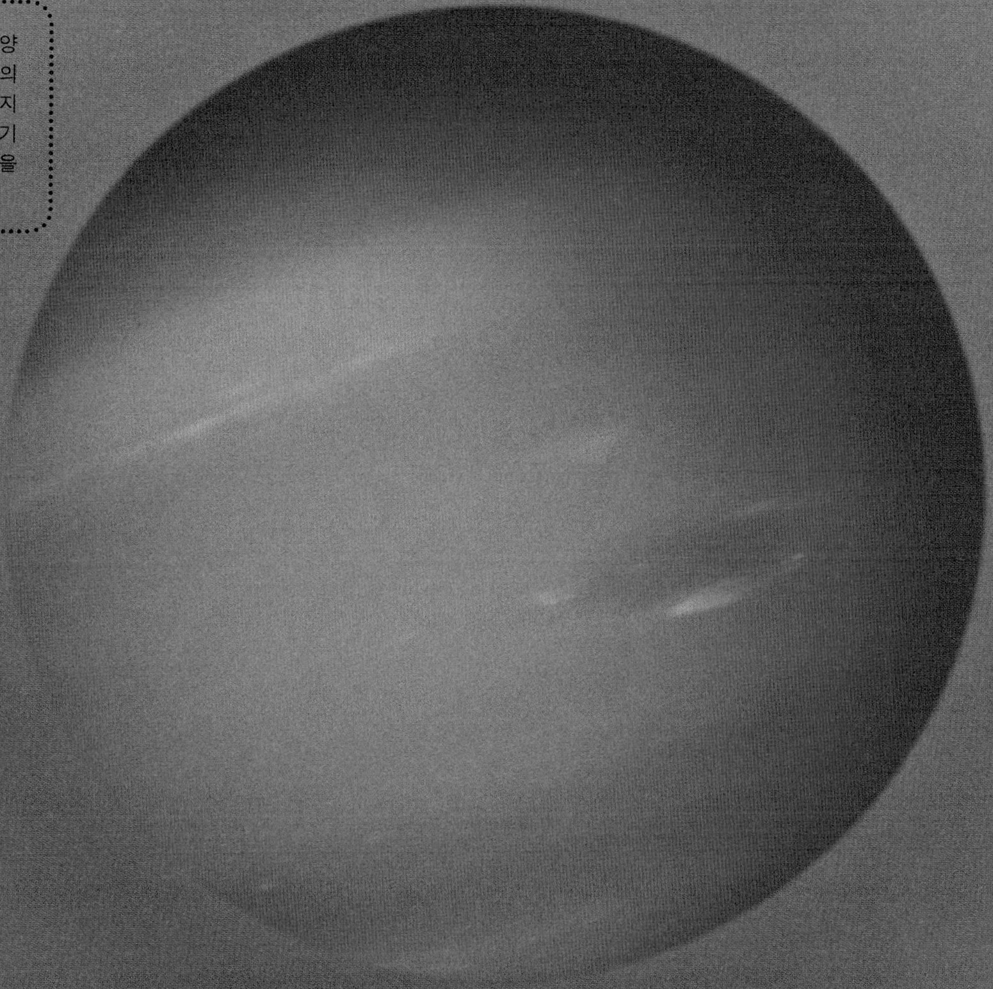

질량 : 1,024억 30만 조 톤, 지구 질량의 17.1배

지름(적도) : 4만 9,530㎞

자전주기(일) : 16시간 7분

태양으로부터의 거리 : 45억 300만 ㎞

공전주기(년) : 164.8년

위성의 수(최소한) : 13

 외부 태양계의 위성들

천왕성은 27개, 해왕성은 13개를 알려진 위성들을 갖고 있다. 대부분의 목성과 토성의 위성들처럼 천왕성과 해왕성의 위성들도 얼음으로 덮인 표면을 갖고 있는데, 그 표면 아래 액체의 물로 된 바다가 있을 가능성이 있다. 그래서 천체생물학자들은 생명체를 찾을 수 있는 유력한 장소로 보고 있다.

태양계 여행은 이와 같은 위성에서 나타나는 많은 특징을 찾는 여행이다.

⋯⋯⋯> 미란다는 천왕성의 주요 위성들 중에서 가장 작은 위성이며, 표면은 대부분 얼음으로 덮여 있다. 미란다에 있는 20㎞ 높이의 절벽은 에베레스트 산보다 두 배 정도 높다.

⋯⋯⋯> 타이타니아는 천왕성의 가장 큰 위성으로, 절반은 암석질이고 나머지 절반은 이산화탄소, 물, 메테인 같은 물질이 얼어붙은 것이다.

⋯⋯⋯> 트리톤은 해왕성의 가장 큰 위성이자 태양계에서 7번째로 큰 위성으로, 그 크기로 인해 자체 중력이 구형으로 만들고 있다. 그럼에도 행성의 자전방향과 반대방향인 역방향으로 공전하고 있다. 트리톤은 해왕성 궤도 너머 먼 곳에서 생성되어 나중에 포획된 것으로 보인다.

⋯⋯⋯> 해왕성의 안쪽 위성들은 원시성운으로부터 행성과 함께 형성되지 않은 것으로 보인다. 트리톤이 포획되었을 때 기존에 존재하던 위성계에 대혼란이 일어난 듯하며 대부분이 우주 공간으로 흩어지거나 충돌로 분쇄되었을 것으로 보인다. 오늘날 우리가 보는 위성들은 우리 달이 형성되었을 때(117쪽 참조)처럼 나머지들이 함께 모여 생성된 것이다.

프로테우스

해왕성에서 두 번째 큰 위성이다.

페르디타는 천왕성 안쪽에 있는 작은 위성으로 라틴어로 '잃어버린 것'이라는 뜻에서 유래했다. 이 이름이 어울리는 것은 보이저 2호가 1986년 이 위성의 사진을 찍고, 사진 속에서 발견되기까지 13년이라는 간극이 있었기 때문이다. 그로부터 다시 4년이 지난 뒤 허블 우주망원경이 그 존재를 확인해줬다.

트리톤

질소 화산과 지각운동으로 특징지어진다. 트리톤의 표면 질감은 '칸탈루프(껍질은 녹색에 과육은 오렌지색인 메론)'를 닮은 것으로 묘사된다.

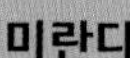

미란다

두들겨 맞은 듯한 표면은 오늘날 천왕성의 중력의 영향이 강해졌다 약해졌다 하면서 생긴 스트레스로 인해 내부가 가열되어 발생한 것으로 생각되고 있다.

타이타니아

타이타니아는 천왕성의 가장 큰 위성으로, 얼음으로 덮인 표면은 장대한 계곡과 벼랑들로 갈라져 있다. 표면 아래쪽, 그리고 암석질 핵 위쪽에 깊은 액체의 바다가 있을 가능성이 있다.

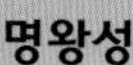

 왜소행성

2006년 전 세계에 깜짝 놀랄 소식이 전해졌다. 천문학계가 오랫동안 태양계에서 가장 멀리 있는 행성으로 간주하던 명왕성을 왜소행성의 지위로 강등시키기로 결정했기 때문이다. 해왕성 너머 작은 천체들이 많이 발견되면서 촉발된 명왕성의 지위에 대한 논란이 정리된 것이다.

근본적으로 명왕성과 같은 성질을 가진 것으로 보이는 천체들이 '왜소행성'으로 불리게 된 것은 이러한 상황을 수용하기 위해서였다.

왜소행성:

- 행성과 같이 태양 주위를 공전한다(위성처럼 다른 천체 주위를 공전하지 않는다).

- 충분한 질량을 가져서 자신의 중력으로 구형을 유지한다(작고 불규칙한 형태의 많은 암석 덩어리들은 배제한다).

- (8개의 행성들처럼) 그 궤도에 더 작은 천체들을 쓸어낼 수 있을 정도로 충분히 크지는 않다.

명왕성은 마지막 조건에 해당했다. 명왕성은 긴 타원궤도를 돌고, 또 해왕성 너머에 있는 수조 개의 천체들로 구성된 카이퍼벨트 내에서 궤도면의 기울기가 크다. 그 대부분은 왜소행성으로 보기에는 크기가 너무 작았다. 화성과 목성 사이에 있는 주소행성대의 한 가운데에서 첫 번째로 발견된 소행성 세레스 역시 이 정의에 들어맞는다(56쪽 참조).

우주 이야기

명왕성은 1930년에 24살의 미국 천문학자 클라이드 톰보에 의해 발견되었다. 명왕성을 방문하게 되리라고는 꿈에도 생각하지 못했던 그는 현재 명왕성을 방문하는 첫 번째 탐사선인 뉴 호라이즌 호에 유골 30g이 실려 2015년 7월 명왕성을 방문하게 된다.

마케마케

2005년 부활절 직전에 발견된 3번째로 큰 왜소행성이다. 고대 문명인 이스터 섬의 신의 이름을 따서 명명되었다.

하우메아

4번째로 큰 왜소행성이며 하와이의 여신의 이름을 따서 명명되었다. 길쭉한 모습을 한 이유는 상당히 빠른 자전 때문인 것으로 여겨진다.

에리스

명왕성보다 더 커 천문학자들이 왜소행성을 새로 정의하게 만든 천체이다.

명왕성

질량은 지구의 1/500이고, 지름은 지구의 1/5밖에 되지 않는다. 카론과 함께 쌍을 이루며, 두 천체는 그들 사이의 빈 공간에 위치한 공통무게중심 주위로 서로 돌고 있다.

세레스

질량은 지구의 1/7000밖에 되지 않지만, 1801년 소행성대에서 처음 발견되었을 때 행성으로 간주되었다. 그리고 2006년에는 행성으로 거의 분류될 뻔했다.

 태양계 소천체들

2006년에 처음으로 왜소행성이 정의되었을 때, 남겨진 잡동사니 천체들의 범주도 설정되었다. 태양계 소천체(SSSB)는 공식적으로 행성이나 위성 또는 왜소행성이 아닌 모든 태양계 천체를 일컫는다. 여기에는 다음 천체들이 포함된다.

- **화성과 목성 사이를 돌고 있는 소행성들**-질량이 충분히 커서 구형을 유지하는 세레스는 제외.

- **트로이군 소행성들**-목성이나 다른 행성들의 궤도를 공유하고 있는 유사한 천체들

- **혜성들**(146~147쪽 참조)

- **켄타우루스**-소행성대 너머 해왕성 궤도 안쪽에서 혜성이 될지 소행성이 될지 마음을 정하지 못한 작은 천체들

이미 알려져 있고 또 태양계 소천체 목록에 올라 있는 어떤 천체들도, 만약 천문학자들이 생각했던 것보다 더 크다는 것이 발견되면 틀림없이 왜소행성으로 재분류될 것이다.

● **천왕성**

우주 이야기

국제천문연맹은 태양계 소천체(SSSB)의 최소 크기에 대해 여지를 남겼다. 그래서 여기에 유성체들의 포함 여부는 불분명하다(148~149쪽 참조).

● **해왕성**

SSSB의 대부분은 카이퍼벨트 안에 있는 해왕성 너머에 존재한다. 그러나 화성과 목성 사이에 있는 주소행성대에서 오랫동안 관측되어온 소행성들 역시 SSSB들이다. 이는 목성 궤도를 공유하고 있는 트로이군 소행성이나 다른 행성들도 마찬가지이다.

 가까이 하기에는 위험한

혜성이나 소행성이 지구와 충돌하여 대혼란이 초래될 수 있을까? 사실 현실적인 질문은 '있을까?'가 아니라 '언제?'이다. 지구 역사에는 수많은 엄청난 충돌이 있어 왔다. 가장 유명한 것은 6500만 년 전 지름 10㎞의 천체가 충돌한 사건이다. 오늘날의 멕시코 만에 충돌하여 거대한 쓰나미를 일으키고 일시적으로 기후를 바꾸었으며 당시의 수많은 종들, 특히 공룡들의 멸종 원인으로 꼽히기도 한다.

다행스럽게도 이러한 크기의 천체는 천만 년에 한번 정도로 드물게 떨어지지만, 지름 5~10m 크기의 천체들은 매년 우리 대기로 떨어지면서 히로시마 원자폭탄에 해당하는 에너지를 방출한다. 하지만 대기 상층에서 폭발하기 때문에 지구에는 아무런 해도 입히지 않는다.

전 세계의 수많은 기관들이 우주감시대라는 이름으로 끊임없이 지구 근접 물체들(NEOs)이 하늘에 나타나는 것을 모니터링하고 있다. 2005년 미항공우주국NASA은 미합중국 의회로부터 2020년까지 적어도 지름 140m 이상 되는 지구 근접 천체들의 탐지와 목록 작성 작업을 승인받았다. 여러분은 NASA의 neo.jpl.nasa.gov/risk/site 사이트에 접속하면 지구를 위협하는 지구 근접 천체들의 상태를 확인할 수 있다.

토리노 충돌피해등급에서 가장 위협적인 것으로 분류된 천체는 소행성 아포피스로, 2004년 12월에 잠시 레벨 4에 이르렀다. 하지만 관측의 정밀도가 높아지면서 위협수준은 다른 지구 근접 천체와 같은 0으로 돌아갔다.

토리노 충돌피해등급

이 등급은 컨퍼런스가 개최되었던 이탈리아 토리노 시의 이름을 딴 것으로, 축약된 버전이다. 완전한 버전은 neo.jpl.nasa.gov/torino_scale 에서 찾아볼 수 있다.

우주 이야기

만약 여러분이 비디오 게임의 스릴과 진짜 과학을 뒤섞고 싶다면 퍼듀 대학의 purdue.edu/impactearth 사이트에서 '충돌: 지구!' 소행성 충돌 효과 계산기를 이용하여 가상의 지구 근접 천체의 크기와 속력 그리고 그 밖에 상세한 값을 넣으면 얼마 만한 대혼란이 형성되는지 배울 수 있다.

| 피해 없음 | **0** | ·················· 충돌 가능성이 0이거나 천체가 매우 작음 |

| 보통 | **1** | 가까이 통과하나 위험 수준은 아님.
공공의 관심을 불러일으키지 않아도 됨. |

천문학자의 지속적인 관심 대상	**2**	어느 정도 가까이 통과. 실제로 충돌할 가능성이 거의 없으므로 공공의 주의를 끌 정도는 아니다.
	3	가까이 접근하여 지역적인 파괴를 일으킬 수 있는 충돌 확률이 1% 이상. 10년 이내에 조우하게 되는 천체라면 공공기관이 주의를 기울여야 한다.
	4	가까이 접근하여 광역적인 파괴를 초래할 수 있는 충돌 가능성이 1% 이상. 10년 이내에 조우하게 되는 천체라면 공공기관이 주의를 기울여 야 한다.

위협	**5**	가까이 접근하여 지역이 황폐화될 우려가 있어 심각하지만 아직 확실하지 않다. 더 많은 관측이 필요하다. 만약 10년 이내에 조우하게 된다면 정부 의 비상사태 계획은 정당화될 수 있다.
	6	세계적 대재해 발생의 우려가 있는 심각한, 하지만 아직 확실하지 않은 거 대 물체의 근접 조우다. 더 많은 관측이 필요하다. 만약 30년 이내에 조우 하게 된다면 정부의 비상사태 계획은 정당화될 수 있다.
	7	세계적 대재해 발생의 우려가 있지만 아직 확실하지 않은 거대 물체의 심 각한 근접 조우다. 국제적인 비상사태 계획은 정당화될 수 있다.

충돌 확실	**8**	충돌이 확실하며, 국지적인 파괴나 쓰나미를 일으킬 수 있다.
	9	충돌이 확실하며, 전례없는 지역적인 대대적 파괴나 대형 쓰나미를 초래 할 수 있다.
	10	충돌이 확실하며, 문명의 존속이 위험해지는 정도의 전 지구적인 파멸적 기후 대재앙을 초래할 수 있다.

 혜성들: 하늘의 전조

혜성은 극적으로 하늘을 가로질러 가지는 않는다. 혜성은 배경별에 대해서 정상적인 방식으로 몇 달 동안 움직이며 태양계의 외곽에서 와 태양을 빠르게 지나서 다시 멀리 사라진다. 맨눈에 보이는 혜성은 하나의 광점으로 시작해서 작고 흐릿한 원반으로 성장하며 태양 반대편 쪽으로 꼬리가 형성된다. 혜성이 태양에 접근할 때는 꼬리를 뒤로 늘어뜨리고 태양으로부터 후퇴할 때는 앞세운다. 꼬리는 지구에서 태양까지의 거리보다 더 길 수도 있다.

태양 주위를 방문하기 전이나 후의 혜성은 소행성(56~57쪽 참조)을 닮은 차갑고 어두운 덩어리로, 얼음물질을 포함하고 있다는 점만 다르다. 해왕성(142~143쪽 참조) 바로 너머에 있는 카이퍼벨트나 태양으로부터 1~2광년 떨어진 보이지 않는 저장소에는 이와 같은 어두운 천체들이 수조 개나 모여 있다. 때때로 중력섭동이 혜성을 그들의 위치에서 길게 늘어난 궤도로 밀어 넣어 태양 가까이 다가가게 만들며, 만약 혜성이 여기에서 살아남는다면 장엄한 광경을 연출하기도 한다.

우주 이야기

혜성은 태양 가까이를 통과하며 얼음물질을 증발시키는데 이들이 모두 사라질 때까지 수백 차례 태양을 방문한다. 암석질 잔해가 깨어져서 혜성 궤도 주위에 먼지를 남기기 때문에 태양이 이 궤도를 지나가면 천문관측자들이 유성우를 관측할 수 있는 근원이 된다.

먼지 꼬리

태양 빛과 태양풍(태양으로부터 나오는 전하를
띤 입자들의 흐름)에 의해 혜성의 핵에서 밀려
나온 먼지로 생성된 휘어진 꼬리

혜성의 구조

태양에서 멀리 있을 때의 혜성은 물이나 이산화
탄소, 메테인과 암모니아 등 다양한 물질이 얼
어붙은 공 모양의 바위덩어리와 같다.

코마

혜성이 태양 가까운 영역에 있을 때 핵의
얼음이 데워지면서 증발하여 혜성으로부터
쓸려나온 가스와 먼지의 헤일로.

핵

얼음물질이 섞인 암석질 덩어리로 태양계
안쪽에서 태양의 온기에 의해 활동을 시작
한다.

플라즈마 꼬리

전기적으로 대전된 입자들이 태양풍에 의
해 핵에서 끌려나와 길게 늘어진 꼬리를 형
성한다.

05.13 유성들

일반적으로 유성이나 별똥별은 이름이 암시하는 것처럼 정확하게 나타난다. 하늘을 화살처럼 가로질러 나타났다가 1초 혹은 2초 후에 사라지는 빛의 점으로, 유성이라고 알려진 빛의 현상이다. 이것은 유성체라 불리는 먼지 알갱이가 지구 대기로 돌진하여 마찰에 의해 가열되고 불타 사라지면서 만들어진다. 돌덩이에서 떨어져나온 보다 큰 파편들은 오래 남아서 빛나는 가스의 흔적을 남길 수 있다. 유성체가 충분히 크다면 대기를 지나는 동안 살아남을 수 있다. 추락으로 살아남은 조각들은 운석이라 부른다.

어떤 운석들은 비처럼 보이는데, 매년 예측된 날짜에 나타난다. 이러한 현상은 지구가 태양 주위를 돌 때 혜성의 부스러기들이 많이 분포하는 오래 전에 혜성이 지나간 자리를 지나갈 때 발생하는 듯하다. 유성체들은 지구 대기에 도달했을 때 모두 같은 방향으로 움직이기 때문에 유성 흔적을 추적하면 한 점으로부터 나오는 듯이 보인다. 이 점을 복사점이라 부르고 유성우는 복사점이 있는 별자리의 이름을 따서 부른다. 매년 나타나는 가장 밝은 유성우는 페르세우스자리 유성우(복사점이 페르세우스자리에 있다)와 사자자리 유성우(복사점이 사자자리에 있다)이다.

지구에서 지금까지 발견된 5만 개의 운석 중 몇십 개는 화성에서 온 것으로 보고 있다. 대부분의 운석들보다 훨씬 더 젊은 암석으로 이루어졌고 화학 성분이 화성의 암석이나 대기와 잘 맞아떨어져 화산폭발이나 화성에 떨어진 소행성의 충돌에 의해서 우주 공간으로 분출된 것으로 생각된다. 지구에서 분출된 유성체들도 첫 번째 탐사선이 화성에 가기 전에 화성으로 떨어졌을 것이다.

1833년 11월에는 북아메리카의 하늘을 유성 폭풍이 가득 메우는 장관을 연출했다. 몇 시간 동안 하늘은 불타는 기다란 줄들로 가득 채워져서 온 나라가 경외와 두려움에 빠져들었다. 지구의 자전으로 별자리가 움직여가도 유성우는 항상 사자자리에서 내리는 것처럼 보였다. 이 사건은 많은 천문학자들에게 유성이 순전히 대기 현상이 아니라 대기 바깥에서 오는 천체로부터 기인한다는 것을 처음으로 인식시켜주었다. 사자자리 유성우가 1866년 11월에 다시 장관을 이루었을 때 이탈리아의 천문학자 지오반니 스키아파렐리는 이 유성우가 새로 발견된 템펠-터틀 혜성의 궤도를 지구가 지나갈 때 나타난다는 것을 알아냈다.

수십억 개의 별들

 별빛, 밝은 별

　기원전 2세기경, 그리스 천문학자이자 수학자인 히파르코스는 별들을 밝기에 따라 6단계로 구분하고, 각 단계를 등급이라 불렀다. 1등급의 별들은 2등급의 별들보다 밝으며, 맨눈으로 겨우 볼 수 있는 별들은 6등급에 해당된다.

　이러한 분류방법은 오늘날에도 사용되지만, 현대에는 정밀한 관측 장비를 이용하여 소수점 아래 등급까지 측정할 수 있다. 예를 들어 2.3등급의 별은 3.3 등급의 별보다 2.51배 더 밝은(기구를 사용하여 측정) 별이며, 3.3등급의 별 역시 4.3등급의 별보다 2.51배 더 밝은 별이 되는 식이다. 이것은 어떤 별이 5등급 더 어두운 별보다 정확하게 100배나 더 밝다는 것을 의미한다.

　망원경과 함께 사진필름이나 전자 검출기를 사용하면 인간의 눈보다 훨씬 더 민감하여 6등급보다 더 어두운 30등급까지 관측할 수 있다. 또 2020년 이후 칠레 산 정상에서 작동을 시작할 유럽의 극대망원경은 36등급의 어두운 천체들을 검출할 수 있을 것이다. 36등급의 천체는 인간의 눈으로 볼 수 있는 가장 어두운 별보다 1조배나 더 어둡다.

천문학에서 사진술을 이용하면 밝기등급은 훨씬 더 정확해지는데, 밤하늘에서 가장 밝은 네 별과 그 별들의 등급은 다음과 같다.
시리우스(-1.5), 카노푸스(-0.7), 아크투루스(-0.04), 알파 켄타우리(-0.01).

겉보기 등급

하늘에 밝은 천체들이 얼마나 보이는 지
는 그 천체의 실제 밝기와 그 천체가 얼
마나 멀리 있는가에 따라 정해진다.

밝기 범위	범위 안의 별의 개수
-1.50 ~ -0.51	2
-0.50 ~ +0.49	6
0.50 ~ 1.49	14
1.50 ~ 2.49	71
2.50 ~ 3.49	190
3.50 ~ 4.49	610
4.50 ~ 5.49	1,929
5.50 ~ 6.49	5,946

별들의 개수 세기

별의 밝기가 1등급 증가할 때 밝기는
약 2.5배 감소한다. 그리고 그 범위에
있는 별들의 개수는 약 3배 증가한다.

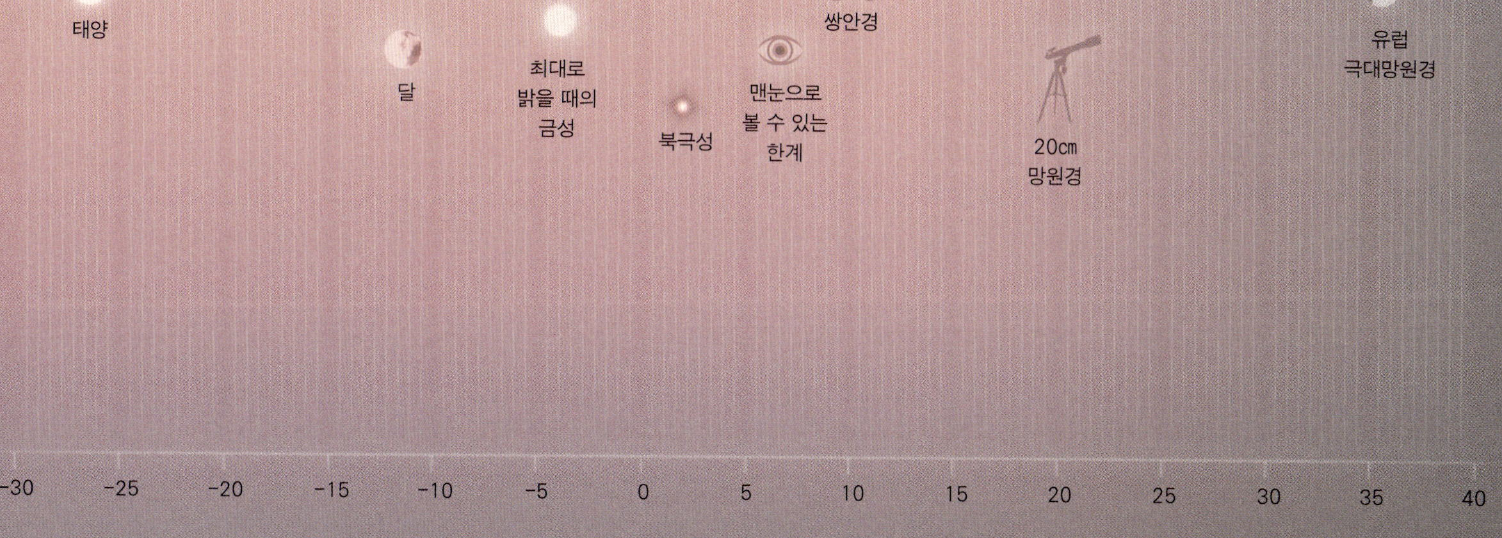

겉보기 밝기

 별들의 동물원

별들은 크기, 온도, 색깔 그리고 거동이 서로 상당히 다르다. 이러한 특성들은 주로 별이 현재 생애주기의 어느 단계에 도달해 있느냐에 따라 정해지는데, 결국 별들이 태어난 지 얼마나 오래되었느냐 그리고 별이 형성될 때 얼마나 큰 질량을 가졌느냐에 따라 정해진다.

질량이 매우 큰 별은 빨리 그리고 격렬하게 타오른다. 이들은 태울 수 있는 연료를 많이 가지고 있지만, 연료를 더 빨리 소모시킨다.

단독으로 존재하는 별들의 수명주기

⋯⋰ 태양보다 10배 더 많은 연료를 가진 별은 2000만 년을 살며, 일생의 마지막에 초신성 폭발이라 부르는 거대한 폭발로 생을 마감한다.

⋯⋰ 태양 질량을 갖는 별은 100억 년을 살며 수소가 고갈된 다음 부풀어 올라 적색거성이 된다(태양은 현재 일생의 약 절반을 지났다).

⋯⋰ 태양 질량의 6~40%의 질량을 갖고 태어난 별은 희미하게 빛나며 1조년(이는 현재 우주 나이의 수백 배나 된다)을 살 수 있다. 이런 천체들은 은하계 별들의 대다수를 차지한다.

인간과 마찬가지로, 별이 동반자와 함께 일생을 보낸다면 별의 일생의 역사는 훨씬 더 복잡해진다. 적색왜성보다 질량이 큰 대부분의 별들은 이러한 다중성으로 존재한다(164~165쪽 참조).

적색 초거성

베텔게우스

무거운 별의 말기 단계

질량: 태양의 10배까지
크기: 태양의 300~1,000배(맥동하는)
밝기: 태양의 14만 배
온도: 1,000℃

우주 이야기

태양은 황색왜성으로 분류된다. 태양은 노랗지 않고 하얗지만, 스펙트럼 상에서 황색 부분에서 가장 강한 세기로 복사한다. 그리고 천문학에서 거성이 아닌 별들은 왜성으로 분류한다.

청색 초거성

데네브

무거운 별의 말기 단계

질량: 태양의 10~50배

크기: 태양의 110배

밝기: 태양의 5만 배

온도: 3만~5만℃

적색왜성

프록시마 켄타우리

가장 작고 가장 희미하고,
가장 흔한 종류의 별

질량: 태양 질량의 40%까지

크기: 태양 지름의 30%

밝기: 태양의 1/10 이하

온도: 3,000℃

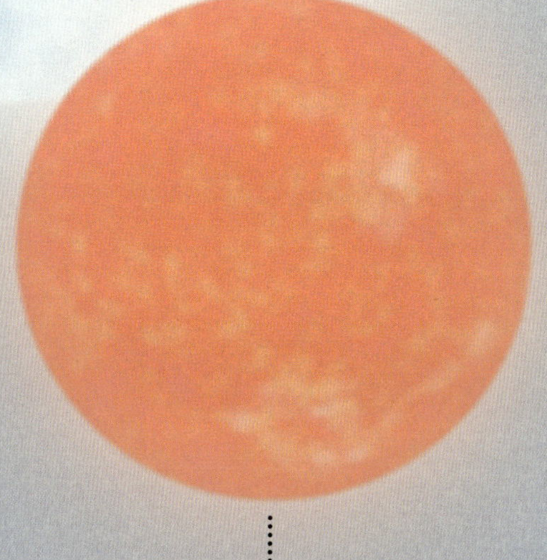

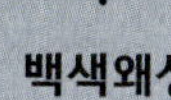

적색거성

알데바란

태양 크기 별의 말기 단계

질량: 태양의 1.7배

크기: 태양 지름의 44배

밝기: 태양의 425배

온도: 4,100℃

황색왜성

태양

태양과 비슷한 질량을 갖는 별.
다양한 색깔을 가질 수 있다.
태양은 이 등급의 전형적인 별이다.

질량: 지구 질량의 33만 배

크기: 지구 크기의 약 100만 배까지 품을 수 있다.

밝기: 형광등 밝기의 10조의 1조 배

온도: 약 6,000℃

백색왜성

시리우스 B

태양 크기의 별이
수축한 마지막 단계

질량: 대략 태양 질량

크기: 지구 크기

밝기: 태양의 1/40

온도: 25,000℃

 별의 탄생

별들은 계속적으로 태어나고 있는데, 천문학자들은 별들이 태어나는 과정을 관찰할 수 있다. 별의 형성은 성간 공간에 있는 가스와 먼지구름이 스스로의 중력에 의해서 붕괴하면서 시작된다. 성운은 보다 작은 질량들로 쪼개지다 결국에는 별이 되어 수백 수천 개의 원시성들로 이루어진 성단이 형성된다. 우리 태양계는 이와 같은 성단들(100~101쪽 참조) 안에서 형성되었다.

130억 년 전 우리 은하계가 어렸을 때, 엄청난 숫자의 별들이 조밀한 가스 구름으로부터 태어났다. 그중 많은 것들은 단단하게 뭉쳐 구상성단이 되었는데, 이들은 수십만 개 별들로 구성되며(180~181 참조) 우리 은하계를 둥그렇게 둘러싸는 안에 분포하고 있다. 다른 별들은 더 작은 산개 성단들, 예를 들면 황소자리에서 볼 수 있는 7자매별 혹은 플레이아데스에서 태어난다. 플레이아데스성단 안에 있는 밝고 푸른 어린 별들은 아직도 그들을 태어나게 했던 가스와 먼지 파편들로 둘러싸여 있다.

오늘날 우리 은하계에서는, 1세기에 약 100개 비율로 별들이 태어나고 있다.

우주 이야기

오리온 성운은 오리온자리에서 맨눈으로 관찰 가능한 별들의 산실이다(사냥꾼 오리온이 차고 있는 칼 부분). 희미한 조각으로 보이는 이 성운은 지름이 약 20광년이 넘고, 지구에서 1,300광년 이상 떨어진 것으로 측정되었다. 새로 형성된 젊은 별들을 수천 개 포함하고 있는 이 성운은, 천체사진에서는 그 주위를 둘러싸고 있는 수소 가스를 이온화시켜 분홍빛으로 빛나는 모습으로 드러난다.

창조의 기둥

독수리성운 안에 있는 이 별들의 요람은 허블 우주망
원경으로 촬영한 것이다. 가까이에서 새로 태어난 별들
에서 방사되는 강렬한 복사가 가스와 먼지 영역을 깨끗
이 쓸어냈지만, 먼지 기둥 끝의 밀도가 높은 가스와 먼
지로 이루어진 검은 매듭 속에서 새로운 별들이 태어
나고 있다. 우뚝 솟은 검은 '기둥들'은 위쪽에 있는 고
밀도 영역의 그늘 아래서 보호받아 살아남은 기체와 먼
지들로 구성된다.

 별들의 일생

　1900년대 초기에 덴마크의 엔야르 헤르츠스프룽과 미국의 헨리 노리스 러셀은 각각 별들의 일생을 이해할 수 있는 이정표가 되는 별들의 도표를 만들었다. 별의 실제 밝기(다시 말해 지구로부터의 거리에 따라 밝기가 달라지는 것을 고려한 별의 밝기)에 따라 위에서 아래로, 별들의 색깔에 따라 왼쪽에서 오른쪽으로 좌표축을 정한 다음, 각 별들의 위치를 그려 넣었다. 별의 색깔은 온도를 나타내는 지표이다. 별은 온도가 낮을수록 붉은색을 띠고, 뜨거운 별(태양)은 흰색, 가장 뜨거운 별은 푸른색을 띤다.

　별들은 헤르츠스프룽-러셀(HR) 도표 상에 무리지어 있었는데, 나중에 이론학자들은 왜 별들이 HR 도표 안에서 특별한 지점들에 나타나는지, 어떻게 그들의 일생의 경로에 따라 그 속을 이동해가는지 밝혀냈다.

····≻　도표 상에서 대각선을 가로지르는 띠는 주계열이라 불린다. 별들은 이곳에서 일생의 대부분을 보내면서 핵반응을 통해 수소를 헬륨으로 변환시킨다. 질량이 작고 온도가 낮은 어두운 별들은 주계열의 오른쪽 아래에 위치한다. 질량이 크고 뜨거우며 밝은 별은 왼쪽 위에 위치한다.

····≻　오른쪽 위에는 거대하고 온도가 낮은 거성이나 초거성이 위치한다.

····≻　왼쪽 아래에는 어둡지만 뜨거운 백색왜성이 위치한다.

우주 이야기

단위면적당 별의 밝기는 뜨거운 별이 차가운 별보다 더 밝다. 그러나 별의 총 밝기는 그 크기에 비례하므로 결과적으로 총 표면적과 관련이 있다. 만약 두 별의 온도가 같다면, 큰 별이 더 밝게 된다. 만약 두 별의 밝기가 같다면, 온도가 낮은 별이 더 크다. 이 같은 사실은 HR 도표 안에서 위로(밝은 별 쪽으로) 올라갈수록 그리고 오른쪽으로(온도가 낮은 쪽으로) 갈수록 더 큰 별 쪽으로 이동하는 것이 된다.

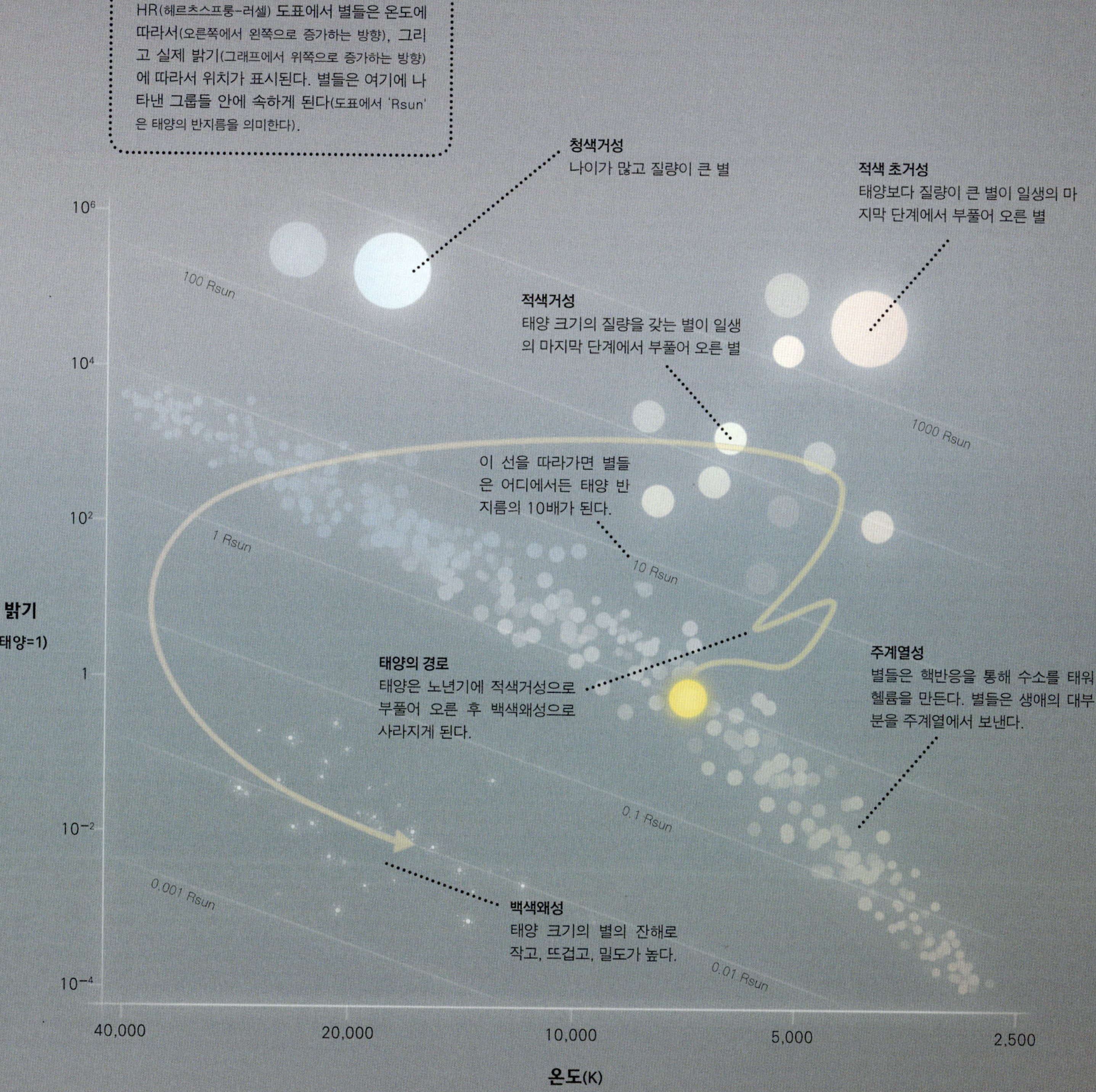

HR(헤르츠스프룽-러셀) 도표에서 별들은 온도에 따라서(오른쪽에서 왼쪽으로 증가하는 방향), 그리고 실제 밝기(그래프에서 위쪽으로 증가하는 방향)에 따라서 위치가 표시된다. 별들은 여기에 나타낸 그룹들 안에 속하게 된다(도표에서 'Rsun'은 태양의 반지름을 의미한다).
청색거성
나이가 많고 질량이 큰 별
적색 초거성
태양보다 질량이 큰 별이 일생의 마지막 단계에서 부풀어 오른 별
적색거성
태양 크기의 질량을 갖는 별이 일생의 마지막 단계에서 부풀어 오른 별
이 선을 따라가면 별들은 어디에서든 태양 반지름의 10배가 된다.
태양의 경로
태양은 노년기에 적색거성으로 부풀어 오른 후 백색왜성으로 사라지게 된다.
주계열성
별들은 핵반응을 통해 수소를 태워 헬륨을 만든다. 별들은 생애의 대부분을 주계열에서 보낸다.
백색왜성
태양 크기의 별의 잔해로 작고, 뜨겁고, 밀도가 높다.
100 Rsun
1000 Rsun
1 Rsun
10 Rsun
0.1 Rsun
0.001 Rsun
0.01 Rsun
밝기
(태양=1)
10^6
10^4
10^2
1
10^{-2}
10^{-4}
40,000
20,000
10,000
5,000
2,500
온도(K)

 ## 무엇이 별을 불타게 하는가?

별의 중심에서 일어나는 반응은 핵, 다시 말해 원자핵 안에서 일어나는 변화와 관련되어 있다. 일상적인 연소, 예를 들면 휘발유나 석탄이 타는 것은 원자의 바깥층과 관련된 화학 반응이다.

태양의 중심부는 믿을 수 없을 정도로 뜨거운 열과 위에서 짓누르는 압력을 받고 있어서, 원자들은 양전하를 가진 핵과 음전하를 가진 전자들로 분리되어 제각각 떠돌아다닌다. 양성자들은 서로 충돌하여 일부의 에너지를 방출하고 헬륨의 원자핵을 형성할 수 있다. 태양은 일생의 말기에, 수소 연료 공급이 끊어지면 핵 속에서 헬륨을 태워 탄소나 산소를 형성할 수 있다. 이때의 태양은 불안정해져서, 크기와 밝기가 맥동하게 된다.

태양 질량의 4배 혹은 그 이상 되는 별들은 탄소와 산소를 태워서 더 무거운 핵을 생성할 수 있고, 다시 이들을 태워서 더 무거운 원자핵을 만들며 26개의 양성자와 28개의 중성자를 가진 철 핵을 만드는 데까지 진행된다. 이는 질량이 큰 별이 겪는 격렬한 종말의 흔적이다(162~163쪽 참조).

대부분의 물질 안에 있는 원자들은 원자 질량의 대부분을 차지하면서 양전하를 가진 핵과 이를 둘러싸는 전자구름을 가지고 있다. 전자들은 거의 질량을 갖지 않으며 핵의 양전하와 균형을 이루는 음전하를 가지고 있다. 핵은 양성자라 불리는 보다 작은 크기의 양전하 입자들로 구성된다.

가장 간단한 원자는 수소이다. 수소의 핵은 단독으로 존재하는 단 하나의 양성자와 그 주위를 도는 하나의 전자로 구성된다.

그 다음으로 단순한 원자는 헬륨 원자인데, 핵 속에는 2개의 전자로 둘러싸인 2개의 양성자가 있다. 핵 속에 중성자라 불리는 2개의 또 다른 입자들이 없다면 핵은 두 양성자들 사이의 전기적 반발력으로 분리되어버릴 것이다. 중성자는 양성자와 거의 정확히 같은 질량을 가지지만 전하가 없다.

양성자(수소의 원자핵)는 별의 중심에서 충돌하여 더 무거운 원자핵을 형성한다. 생성된 원자핵들은 다시 충돌하여 한층 더 무거운 원자핵을 형성한다. 이러한 과정은 많이 있다. 태양 안에서 일어나는 주된 반응을 나타낸 옆 그림을 보면 4개의 양성자들이 하나의 헬륨원자핵으로 변환된다는 것을 알 수 있다. 에너지는 짧은 파장의 복사선인 감마선 형태로 방출되며 양전자(양전하로 대전된 전자)와 중성미자들(전기적으로 중성인 유령 같은 입자)도 방출된다.

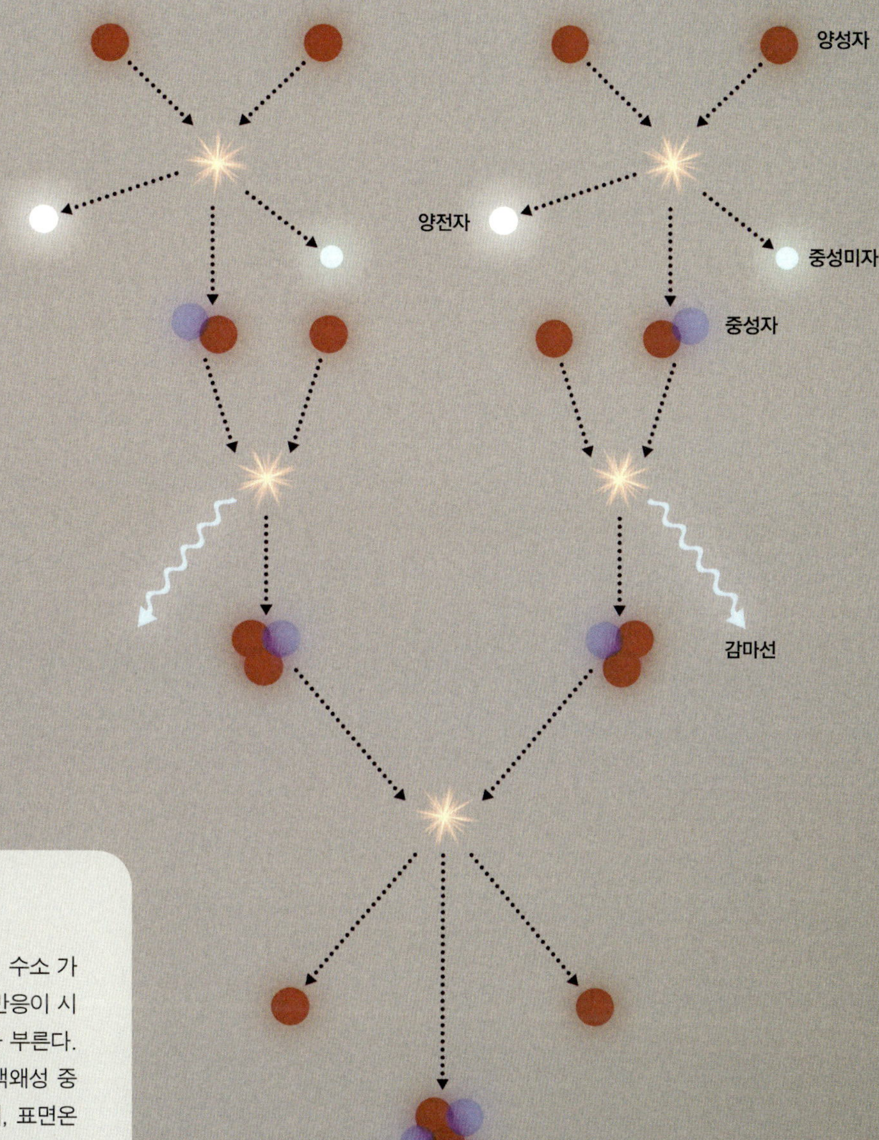

우주 이야기

가장 작은 별의 질량은 태양 질량의 1/14이다. 수소 가스의 질량이 이보다 더 작은 별에서는 결코 핵반응이 시작되지 않으며, 이와 같은 천체를 갈색왜성이라 부른다. 2010년에 천문학자들은 지금까지 발견된 갈색왜성 중에서 가장 온도가 낮은 갈색왜성을 발견했는데, 표면온도는 약 100℃였다. 이 온도는 지구상에서 물이 끓는 정도의 온도로 이는 갈색왜성이 형성될 때 방출된 중력에너지가 남겨놓은 열이다.

06.06 **별들의 죽음**

수소의 공급이 지속되는 한, 별은 헤르츠스프룽-러셀(HR) 도표에서 주계열상의 원래 위치에서 거의 움직이지 않는다(158~159쪽 참조). 핵은 약간의 탄소와 산소 외에는 헬륨으로 채워지고 그 주위에는 수소가 헬륨으로 바뀌고 있는 얇은 껍질이 남아 있을 것이다. 태양의 경우 이 시기는 지금부터 50억 년 후, 태양의 탄생으로부터는 100억 년 후가 될 것이다.

별이 부풀어 오르면 적색거성이 되어 안팎으로 맥동하기 시작한다. 별의 바깥층은 팽창하고 팽창하는 껍질의 일부와 함께 분출된다. 천문학자들은 가스로 된 구체를 행성상 성운이라 부르는데 망원경으로 보면 행성 원반처럼 보이기 때문이다. 성운의 중심에는 원래 질량의 대부분을 포함하는 지구 크기로 압축된 뜨거운 별의 핵이 있다. 온도는 약 10,000℃이고 하얗게 빛난다. 이 백색왜성은 에너지를 생성하지 않기 때문에 매우 희미하게 빛나며 수조 년에 걸쳐 천천히 식어간다.

이를 통해 태양 같은 별들이 어떻게 종말을 맞는지 알 수 있다. 질량이 좀 더 큰 별들은 전혀 다른 종말을 맞게 되는데, 그 중심핵은 헬륨뿐만 아니라 헬륨을 태워서 탄소, 네온, 산소, 실리콘, 철과 같은 무거운 원자핵을 차례로 생성할 수 있을 정도로 충분히 뜨겁고 밀도가 높다. 각 원소의 껍질은 타지 않은 원소들로 형성되어, 그 내부에 연소가 계속되는 뜨거운 안쪽 지역을 둘러싸고 있다.

태양은 수소 연소가 고갈되면 현재의 화성 궤도까지 부풀어 오르는 동시에 우주 공간으로 바깥층을 내뿜어 가진 질량의 1/3까지 잃어버리게 될 것이다. 따라서 지구가 나선을 그리며 바깥쪽으로 떨어져 나갈지 태양 속으로 삼켜지게 될지 불확실하다. 그러나 태양이 더 뜨거워지면 지구가 불타게 될 것임은 의심의 여지가 없다.

Key
- 수소
- 헬륨
- 탄소
- 네온
- 산소
- 규소
- 철

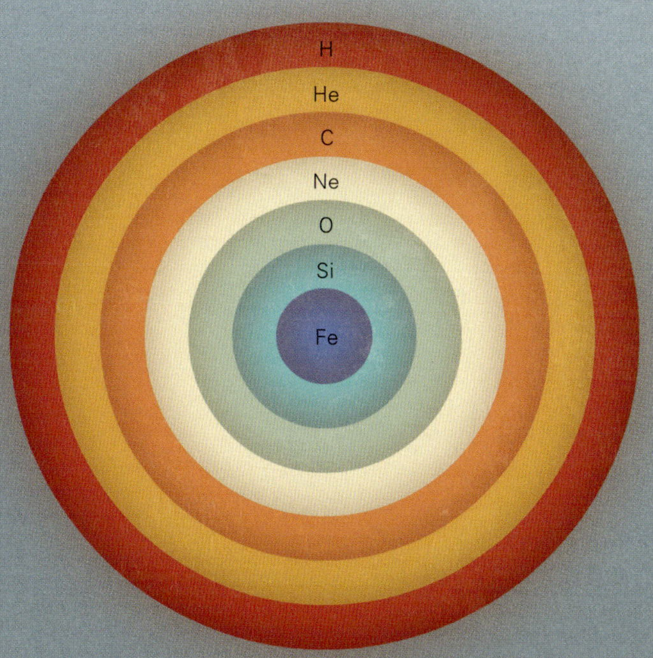

종말이 가까워진 질량이 큰 별

별은 동심구로 이루어진 양파 껍질 구조를
갖는다. 각 껍질은 핵반응의 전 단계 산물
들로 구성된다. 마지막 단계는 규소로부터
철이 형성되는 단계인데 이는 몇 분 안에
끝난다. 마침내 거대한 폭발이 일어나 초고
밀도의 잔해를 남긴다.

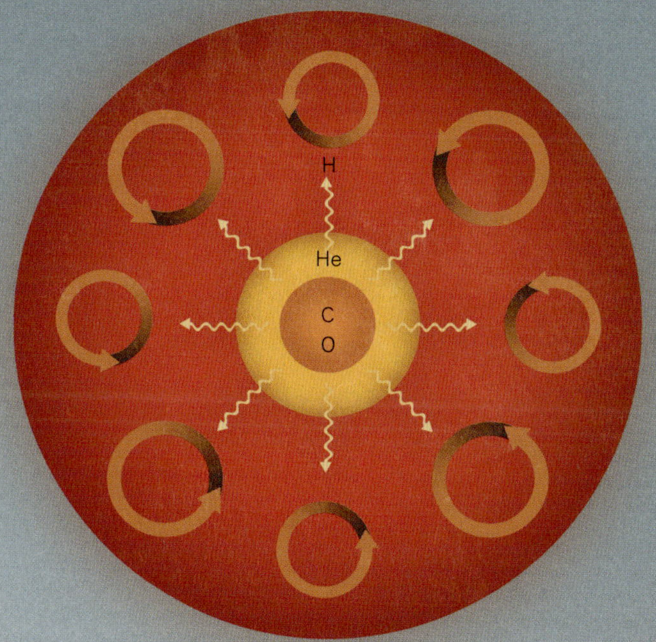

종말이 가까워진 태양 질량의 별

뜨겁고 조밀한 핵 속에서 수소가 거의 소진
되면, 그를 둘러싸고 있는 바깥껍질이 연소
되기 시작한다. 연소 후에 남은 재들은 헬
륨, 탄소 그리고 산소들로 구성되며 핵 속
에 축적된다.

 치명적인 포옹

단독성들은 조용히 수축하여 희미한 백색왜성이 되거나 격렬한 초신성 폭발로 생을 마감한다. 그러나 많은 별들은 동반성과 함께 우주 공간을 움직이는 쌍성들로, 이들의 일생은 매우 복잡하다.

쌍성들은 자신의 일생에서 주계열에 있을 때 평화롭게 서로의 주위를 돈다(158~159쪽 참조). 하지만 어느 한쪽 별의 질량이 더 크면 질량이 큰 별이 먼저 거성단계로 진화하게 된다. 별이 부풀어 오르면서 자신의 바깥층에 미치는 통제력이 동반성이 끌어당기는 인력보다 약해지게 되고 주성으로부터 물질이 동반성 주위로 원을 그리며 빨려 들어가서 그 표면에 쌓이게 된다.

첫 번째 별은 수축하여 뜨거운 핵만 남고(다시 말해 백색왜성으로-154~155쪽 참조), 두 번째 별은 뚱뚱해져서 늘어난 수명을 즐기게 된다. 두 번째 별이 나이가 들어서 부풀어 오르면 이번에는 첫 번째 별에게 물질을 흘리게 된다. 백색왜성의 이와 같은 연료 투기는 어마어마한 폭발을 초래하는데, 폭발을 일으킨 별은 태양보다 수십억 배나 밝게 빛나고, 동반성은 항성계에서 쫓겨나게 될지도 모른다. 폭발의 잔해는 백색왜성이 될 수도 있고 한층 더 밀도가 높은 중성자별이 될 수도 있는데(168-169쪽 참조), 팽창하는 장대한 가스 구름의 중심에서 희미하게 빛나는 한 점으로 보이게 될 것이다.

별들의 동족상잔으로 생겨나는 초신성의 유형은 제 Ia형 초신성이라 불리는데, 단독으로 있는 질량이 큰 별의 죽음으로 생겨나는 다른 어떤 초신성 유형보다 한층 더 격렬하다. 엄청나게 밝고 또 매우 정확해서, 그들의 폭발이 관측되는 은하까지의 거리를 측정하는 표준으로 사용될 수 있다.

별들의 동족상잔

이중성계에서는 질량이 보다 큰 별이 더 빨리 진화하여 먼저 적색거성 단계로 진입, 부풀어 오르기 시작한다. 그 동반성은 크게 부풀어 오른 별의 바깥층을 빨아들이기 시작한다. 그러나 포식자 별도 결국 나이가 들어 팽창하게 되며 그때는 반대로 동반성에게 질량을 빼앗기게 된다.

06.08 새로운 행성의 씨앗들

질량이 큰 별이 초신성 폭발로 죽음을 맞는 것은 우주가 새로운 행성계를 가진 젊은 세대에게 영양분을 제공하는 역할을 한다. 별들의 내부는 일생동안 합성한 무거운 원자핵들이 풍부하고, 폭발의 순간에는 또 다른 원소들이 만들어져서 성간의 가스와 먼지들과 뒤섞인다. 이러한 원소들은 성운들 안에서 태어나는 새로운 별들과 행성들 안으로 섞여 들어간다. 적어도 우리가 아는 한, 다시 말해 우리들의 고향에서 이 영양분들이 생명을 탄생시켰다. 따라서 이는 단지 노래의 한 구절이 아니라 우리는 정말로 별의 잔재인 것이다.

초신성 폭발의 충격파가 성간가스 운을 통과하여 지구에 도달했다. 그들은 또한 가스가 보다 더 조밀한 지역에서 중력붕괴 과정을 촉발시킴으로써 별 형성과정을 촉진시키는데 도움을 준다(100~101쪽 참조).

영국의 위대한 우주론학자 프레드 호일은 결코 우주가 뜨겁고 조밀한 상태에서 시작되었다는 것을 믿지 않았다. 그래서 '빅뱅'이라는 이름을 붙여 조롱했다. 그는 우주 탄생을 설명하기 위해 무거운 원자핵이 요리되는 어딘가를 찾으려고 했으며, 동료들과 함께 무거운 원소들이 초신성 안에서 형성되고 우주 공간으로 흩어진다는 이론을 증명하고자 했다. 반대로 빅뱅 이론학자들은 빅뱅 자체에서 무거운 원소들이 요리된다는 것을 입증하기 위해 노력했지만 실패했다. 현대에는 단지 헬륨(핵 속에 2개의 양성자를 가진)과 리튬(3개의 양성자를 가진)만이 빅뱅에서 합성되었다고 본다. 따라서 그 나머지에 대해서는 호일과 그 동료들이 옳았다.

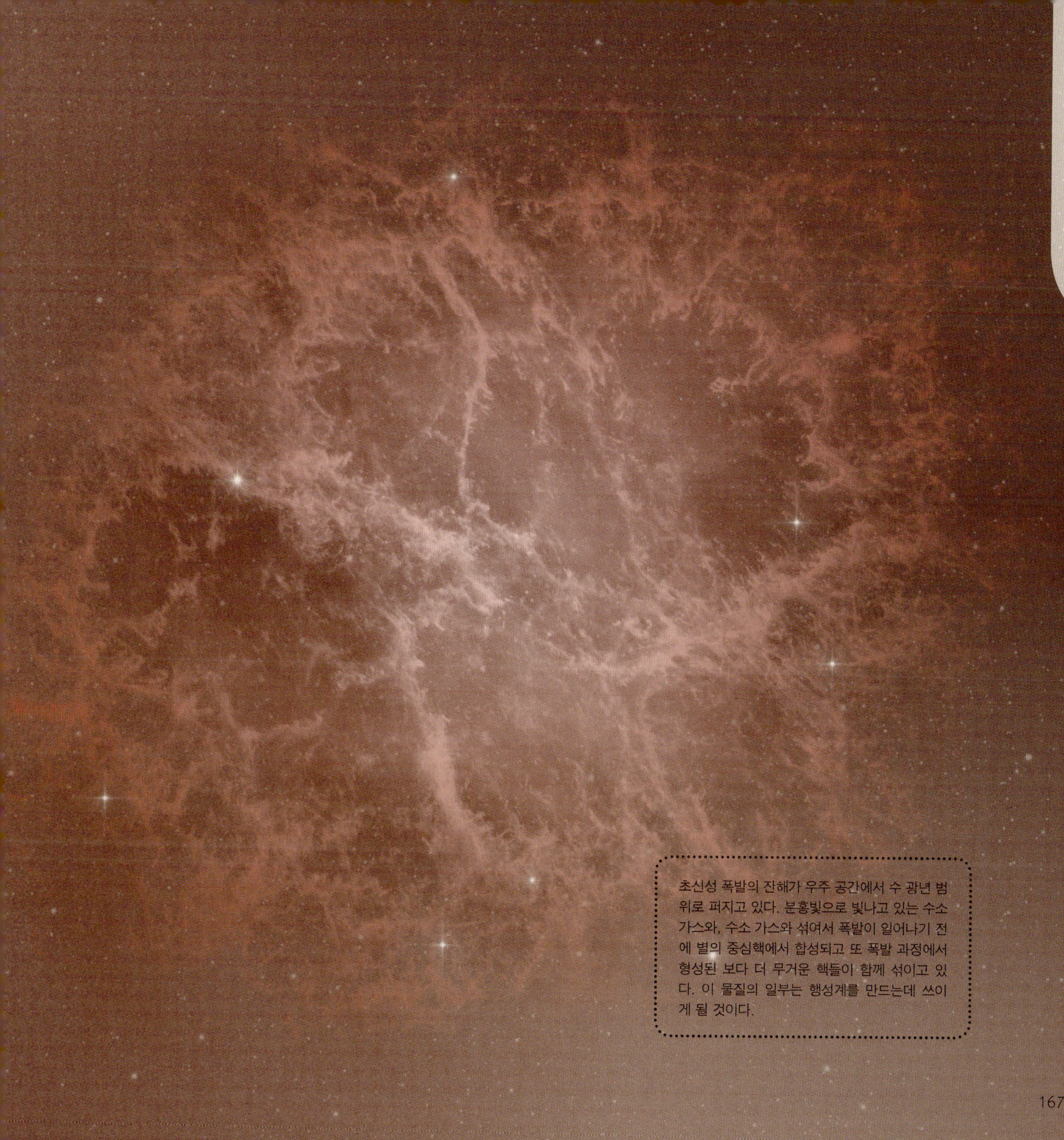

초신성 폭발의 잔해가 우주 공간에서 수 광년 범위로 퍼지고 있다. 분홍빛으로 빛나고 있는 수소 가스와, 수소 가스와 섞여서 폭발이 일어나기 전에 별의 중심핵에서 합성되고 또 폭발 과정에서 형성된 보다 더 무거운 핵들이 함께 섞이고 있다. 이 물질의 일부는 행성계를 만드는데 쓰이게 될 것이다.

 펄서: 우주의 신호등

　별들은 죽을 때 다양한 시체를 남길 수 있다. 우리는 그것이 백색왜성이 될 수 있음을 이미 살펴보았는데, 백색왜성은 태양 정도의 질량이 작은 크기의 구로 수축한 것이다. (162~163쪽 참조). 그러나 이보다 더 큰 질량의 별들은 백색왜성보다 한층 더 놀랍도록 조밀한 별인 중성자별로 붕괴할 수 있다. 중성자별에서는 핵과 전자들이 함께 압착되어 마치 하나의 원자핵처럼 중성자들로 이루어진 밀도가 매우 높은 하나의 공을 형성할 수 있다. 태양 질량과 비슷한 질량 덩어리가 도시 크기만한 공으로 압축된 것이다. 백색왜성의 물질을 한 컵 떠서 지구로 가져온다면 그 무게는 300톤이나 나갈 것이다. 중성자별의 중심에서 떠온 같은 부피의 물질은 3,000억 톤이나 된다.

　1930년대에 초신성의 붕괴로 형성되는 중성자별의 존재를 예측했고, 1960년대에는 중성자별로 의심되는 천체들이 수차례 발견되었다. 1967년에는 작은 여우자리에서 오는 빠르게 요동치는 전파신호가 잡혔다. 가장 정확한 원자시계보다 더 규칙적으로 똑딱거려 발견자들이 외계문명으로부터 오는 신호라고 생각해 한동안 '작은 녹색인간LGM'이라는 암호명이 붙여졌지만 메시지의 흔적은 없었고 곧 하늘의 광범위한 지역에서도 다른 펄서들이 발견되었다.

　펄서는 빠르게 자전하는 중성자별로서, 표면 위에 뜨거운 복사점이 있어서 전파영역에서 강한 복사를 방출하는 반면 가시광과 X선 파장 영역에서는 상대적으로 덜 강한 복사를 방출하는 별이다. 별이 자전하면서 복사 빔이 하늘을 휩쓰는데 드물게 그 빔이 지구에 닿게 되면 우리가 신호를 받게 된다. 오늘날 수천 개의 펄서가 알려져 있다.

우주 이야기

중성자별의 표면중력은 우리가 지구 위에서 겪는 중력의 수천억 배나 된다. 정상적인 물질은 이런 종류의 힘의 세기에 견뎌낼 수 없다. 만약 중성자별에 떨어진다면 여러분의 몸은 찌그러져서 원자 크기의 두께로 납작해질 것이다.

중성자별

중성자별은 그 자전축을 중심으로 급속하게 선회한다. 질량은 태양과 비슷하고 지름이 수 킬로미터의 구로 찌부러져 있다. 모성의 잔해인 가스 원반이 본체를 둘러싸고 있으며 복사선과 입자들로 이루어진 제트가 분출되어 등대의 불빛처럼 하늘을 휩쓸며 지나간다. 이 빔이 지구를 휩쓸며 지나가면 우리는 중성자별을 펄서로 인식하게 된다.

 블랙홀: 별이 사라진다

별이 도달할 수 있는 모든 최종적인 상태에서 가장 기이한 것은 블랙홀이다. 어떤 별의 잔해가 태양 질량의 약 3배를 넘어서면 블랙홀로 끝나게 된다. 블랙홀은 별 중심에서 일어나는 핵반응의 불길이 약해지고 물질이 붕괴를 시작한 후 그 과정이 멈추지 않을 때 형성된다. 적어도 우리가 아는 물리학에 따르면 붕괴는 끝나지 않는다. 점점 줄어들어 특이점이라 부르는 한 점까지 계속된다. 블랙홀이 형성될 수 있는 다른 방법도 있다(블랙홀에 대한 내용은 178, 190, 192~193쪽 참조).

특이점 근처에서 상상도 못할 강한 중력은 시간과 공간을 변형시킨다. 특이점은 그 표면이 사건의 지평선이라 불리는 작은 영역에 의해 둘러싸여 있다. 사건의 지평선을 통과한 빛이나 물질은 결코 도망칠 수 없다. 우리의 지식으로는 그 내부에서 무슨 일이 일어나고 있는지, 별의 잔해가 우주로부터 사라졌는지 아무것도 알 수 없다.

그러나 여전히 중력적 인력을 가지고 있기 때문에 겉으로 드러날 때까지 계속된다. 쌍성계에서는 블랙홀은 다른 별과 함께 아주 평화롭게 공존할 수 있다. 적어도 정상적인 별이 나이가 들고 팽창하여 다른 동반성에서와 같이 블랙홀 동반성 쪽으로 물질이 끌려가기 전까지는 말이다(164~165쪽 참조).

블랙홀의 존재를 간접적으로 알려주는 동반성이나 주위를 돌면서 복사를 방출하는 물질의 원반도 없이, 그 어떤 물질이나 복사선조차 방출하지 않으며 우주 공간을 홀로 떠돌아다닌다 해도 블랙홀을 감지할 수 있다. 어떤 천체의 중력장은 렌즈와 같이 근처를 지나가는 빛에 영향을 미칠 수 있기 때문이다. 이러한 항성 질량 블랙홀에 의한 렌즈 효과는 배경별을 겉보기에 밝게 만들거나 일시적인 편이를 초래할 수 있다. 자동 추적 장치를 장착한 망원경을 이용해 우리 은하수의 별들이 몰린 지역에서 그런 현상을 수천 건 발견했다.

블랙홀은 그 주위의 공간과 시간을 휘게 하고, 빛과 물질을 삼켜버린다. 그러나 사라지기 직전에 빨려 들어가는 물질은 극도로 가열되고 입자들과 복사선들로 이루어진 강력한 제트가 우주 공간으로 분출된다.

06.11 외계행성: 새로운 세계

우리 은하계 안에 있는 수천억 개의 별들 중에는 얼마나 많은 행성계가 존재할까? 그리고 그 행성들 중 생명이 거주하는 행성의 수는 얼마나 될까? 매년 우리는 산재된 외계행성들(태양 외의 다른 별들 주위를 공전하는 행성들)을 찾아내고 행성의 총수가 무엇인지 더 잘 이해하는 경험을 하고 있다.

케플러-11(케플러 탐사선이 발견해 명명된 이름)은 태양 정도로 뜨거운 별인데, 그 주위로 일단의 행성들이 돌고 있다는 사실이 확인되었다. 5개의 행성들이 수성과 태양 사이의 거리보다 가까이 있었는데 가장 바깥에 있는 것은 수성보다 약간 먼 거리였다. 그래서 모든 행성들은 그을려졌을 것으로 추측하고 있다. 이들은 모두 지구보다 컸으며 생명을 부양하기에는 적합하지 않을 것으로 보인다.

생명 부양 능력을 가진 행성으로 가장 적합한 후보는 적색왜성인 글리세 581 주위를 선회하는 행성들 중에 있다. 이 역시 모두 지구의 질량보다 몇 배 정도 더 크다. 멀리 있는 행성은 클수록 지구에서 발견하기가 쉬워진다. 외계생물학자들(지구 너머에서 생명을 찾는 과학자들)은 별들의 거주가능 구역(우리가 알고 있는 한 생명에 필수적인 액체의 물이 존재하는 거리범위) 안을 선회하는 지구 질량 정도의 행성들을 많이 찾고 싶어 한다.

우주 이야기

케플러 우주망원경은 하늘의 한 영역을 응시하여 10만 개가 넘는 별들의 밝기를 모니터링할 수 있다. 이는 자동차 헤드라이트를 기어가는 파리가 촉발하는 희미한 밝기 변화를 수 킬로미터 밖에서 감지할 수 있을 정도이다.

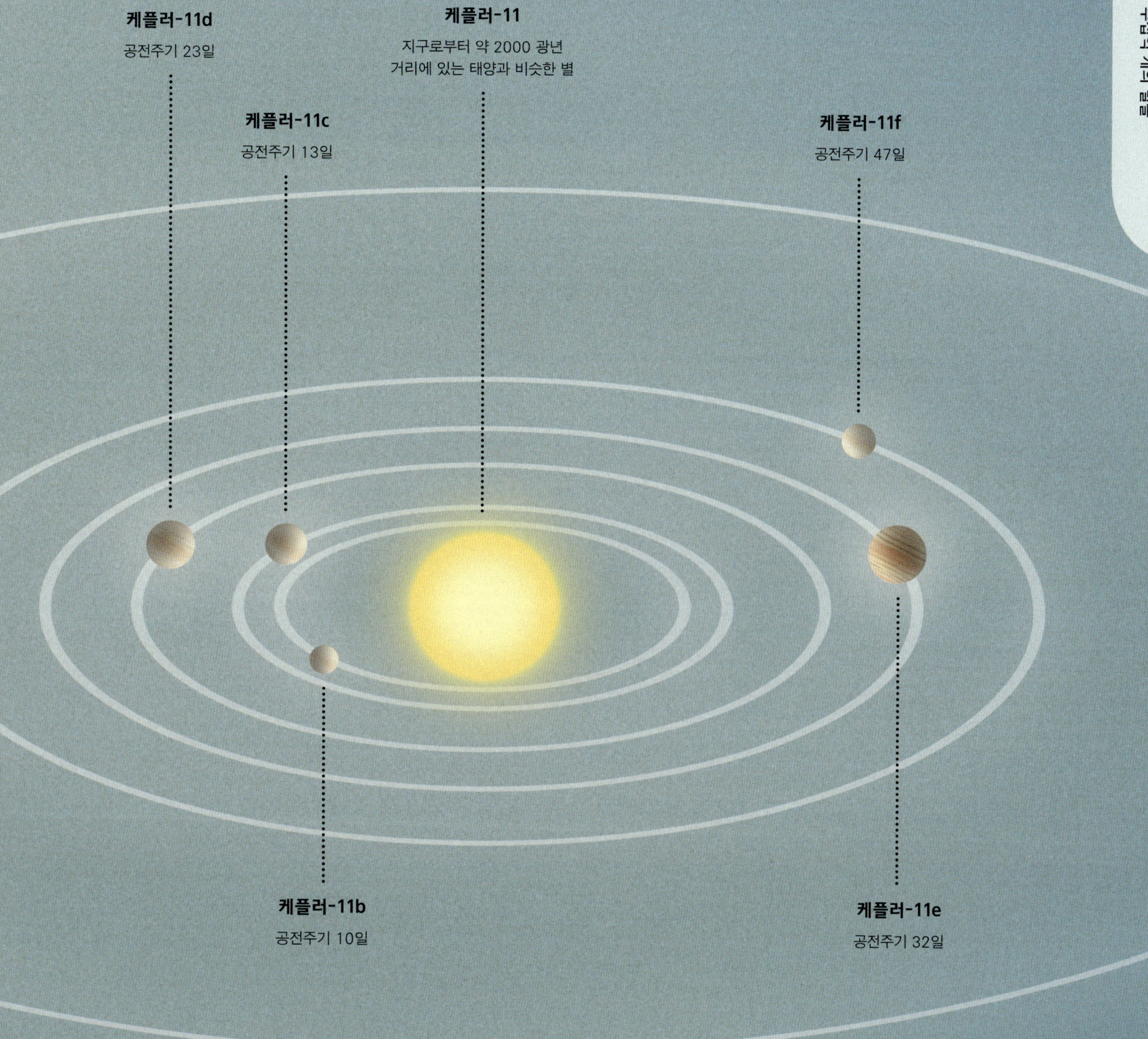
케플러-11d
공전주기 23일
케플러-11c
공전주기 13일
케플러-11
지구로부터 약 2000 광년
거리에 있는 태양과 비슷한 별
케플러-11f
공전주기 47일
케플러-11b
공전주기 10일
케플러-11e
공전주기 32일

 # 우리는 유일할까?

최근 잇따라 외계행성이 발견되었다. 우리 은하계 안에 수십억 개의 행성이 있다는 좋은 증거가 될 것이다. 그렇다면 이것은 항성계 어딘가에 지적인 종족이 있음을 의미하는 걸까?

이에 대한 답을 과학자들은 드레이크 방정식(오른쪽 참조)으로 설명하고 있다. 이 방정식에 등장하는 어떤 인자들은 고무적이어서 후보 행성들의 수는 방대해진다. 지구상에 생명이 나타났던 속도(표면이 냉각되고 10억 년 이하), 차가운 남극부터 녤 정도로 뜨거운 태평양의 해저 열수공에 이르기까지 생명이 번창하게 된 극도로 혹독한 환경 등이 그것이다.

외계지적생명체탐사(SETI)는 1960년 전파 망원경으로 가까운 곳에 위치한 별인 고래자리 타우별과 에리다누스 입실론별을 특정 주파수로 반복 조사함으로써 본격적으로 시작되었다. 오늘날에는 전파 망원경 네트워크로 하늘을 조사하고 광학 망원경으로는 레이저 신호를 찾고 있는데 아직까지는 성공하지 못했다.

이탈리아 태생의 미국 물리학자 엔리코 페르미는 생명은 우리 은하계에 흔한 존재라는 생각에 대해서 문제를 제기했다. 만약 생명을 품은 행성들이 많고, 우리보다 수십억 년 발전이 앞선 문명이 있다면, 많은 문명은 성간비행을 할 수 있게 되었을 것이다. 그렇다면 그들은 어디에 있는가? 태양계에는 외계인이 방문한 흔적이 없다(UFO 광신자들이 있기는 하지만). 어쩌면 성간여행에는 넘을 수 없는 장벽이 있는지도 모르고, 생명이 매우 드물어서 우리가 최초로 성간 교신을 할 수 있는 수준에 도달했을지도 모른다. 그렇지 않다면 그들이 우리와의 접촉을 꺼릴 수도 있고 혹은 은하계 내에서는 우리가 유일한 지적 문명일 수도 있다.

드레이크 방정식

우리가 찾을 수 있는 은하계 안 문명의 수를 추산하는데 사용되는 방정식이다. 1961년 캘리포니아 대학의 프랭크 드레이크에 의해 고안되었으며 그 안에 있는 모든 항들은 고도로 불확실한 값을 갖는다.

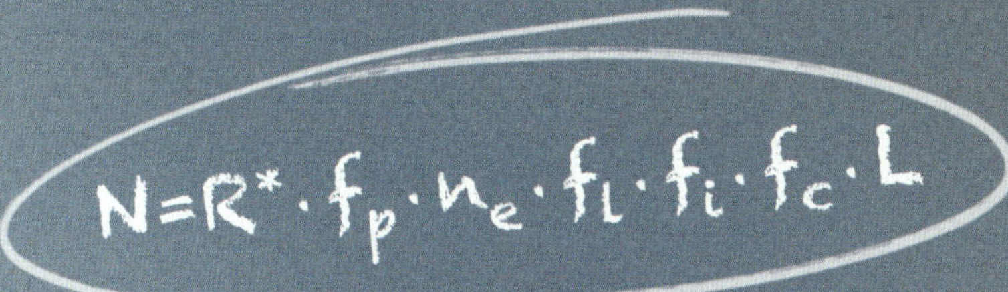

$$N = R^* \cdot f_p \cdot n_e \cdot f_l \cdot f_i \cdot f_c \cdot L$$

N = 우리은하 안에 있는 교신 가능한 문명의 수
R^* = 우리 은하계 안에서 매년 태어나는 별의 수
f_p = 행성을 갖는 별의 비율
n_e = 행성계를 갖는 별들 중 생명체 부양 능력이 있는 행성들의 평균 개수
f_l = 잠재적으로 생명체를 부양할 수 있는 행성이 생명을 탄생시킬 비율
f_i = 생명이 있는 행성이 지적인 생명으로 발전할 비율
f_c = 우리와 교신 가능한 기술을 발전시킬 문명의 비율
L = 교신 가능한 문명의 수명

파이오니아 명판

1970년대에 발사된 파이오니아 10호와 11호 탐사선에는 마주치게 될지도 모르는 외계인들에게 전하는, 금으로 도금한 명판이 실려 있다. 명판에는 그림처럼 남자와 여자 그리고 은하계 안 지구의 위치가 담겨 있다.

아레시보 메시지

아레시보 전파 망원경에서 주파수 변조 전파 방식으로 지구에서 2만 5000광년 거리에 있는 M13 구상성단에 메시지가 보내졌다. 2진수 1679자리로 이루어진 메세지는 생명체의 화학 정보, 아레시보 천문대의 모습과 크기, 인간의 형체와 크기 등의 정보가 들어 있다.

제7장

은하들

 # 은하의 해부도

우리 태양계는 우리의 고향 은하인 은하수의 중심으로부터 약 절반 정도 되는 거리에 위치하고 있다. 우리가 하늘에서 볼 수 있는 거의 모든 것들은 이 은하에 속한 것이다. 은하수는 은하계(영어로는 대문자 G를 써서 Galaxy로 구별한다)라고도 불리며 2,000억~4,000억 개의 별들을 포함하고 있는데 맨눈으로는 5,000개 정도만 겨우 볼 수 있다. 만약 은하수를 벗어나고 싶다면 수천 광년을 여행해야 한다. 만약 우주선을 타고 여행한다면 이보다 수십만 배 더 오랜 시간이 걸릴 것이다. 이것은 은하수 밖에서 은하수의 모습을 사진 찍을 수 없다는 것을 의미한다. 대신 우리는 전파 망원경으로 그 모습을 그려볼 수 있다.

은하수는 국부은하군이라 불리는 은하집단 안에 존재하는 하나의 은하일 뿐이다. 국부은하군 안에는 또 다른 나선은하인 안드로메다은하가 있으며 이 은하는 은하수와 매우 흡사하지만 더 크고 몇 배나 더 많은 별들을 거느리고 있다. 은하수는 우주 공간 안에서 초속 약 600km 의 속도로 움직이고 있다.

은하중심핵 ·············

페르세우스 팔 ·············

우주 이야기

은하수 중심에는 초대질량블랙홀(170~171쪽 참조)이 있다. 궁수자리 A라 불리는 전파원 안에 존재하며 블랙홀 질량은 우리 태양의 약 400만 배로 추정되는데, 태양계보다 크지 않은 공간 안에 몰려 있는 것으로 보인다.

켄타우루스 팔 ·············

궁수 팔 ·············

태양 ·············

백조-오리온 팔 ·············

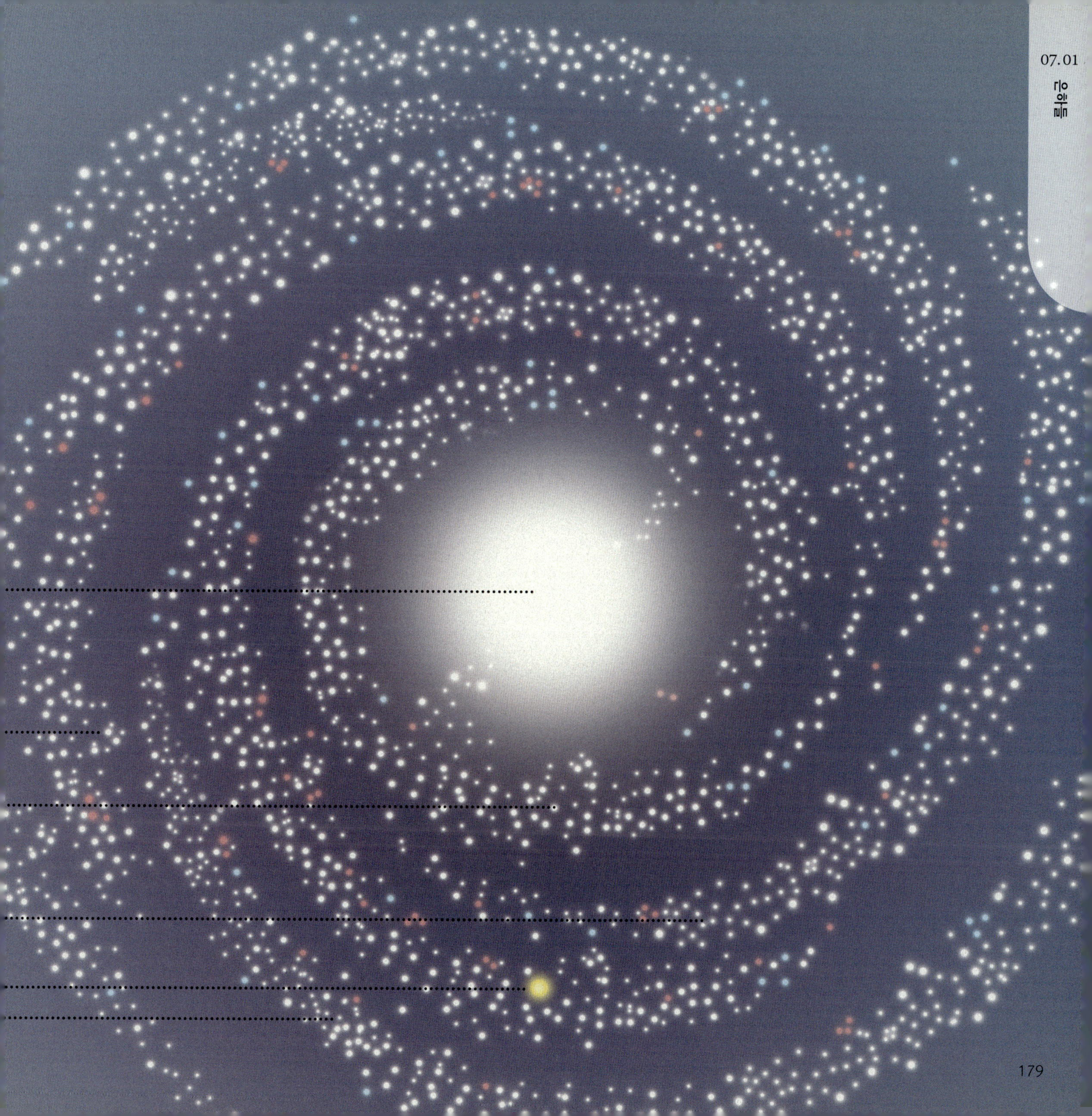

 별들의 도시

　　모든 종류의 은하들은 구상성단이라 불리는 공 모양으로 단단하게 뭉친 별 무리들로 둘러싸여 있다. 이들은 헤일로라 불리는 은하를 구형으로 둘러싸는 공간 속에 위치한다. 은하가 탄생할 때 같이 태어났으며 가스와 먼지를 거의 포함하지 않고 있어서, 현재는 대부분 늙어 붉은색을 띠는 별들로 이루어진다. 구상성단은 수십만 개의 별들이 지름 약 100광년밖에 안되는 공간 안에 뭉쳐 있는 만큼 구상성단의 중심 가까이 있는 행성에서 하늘을 보다면 아마도 하늘이 온통 밝은 별들로 가득 차서 장관을 이룰 것이다.

　　모은하의 중심 주위를 선회하는 구상성단들은 은하 중심을 향해 돌진했다가 다시 바깥쪽으로 휙휙 휘둘릴 것이다. 성단이나 은하 안에 있는 별들은 서로 간에 멀리 떨어져 있기 때문에 충돌하는 일은 없겠지만 이러한 조우로 인해 성단이나 은하 자체는 뒤틀릴 것이다. 가까이 있는 100만 개 이상의 별들을 거느린 가장 조밀한 구상성단들 중 어떤 것들은, 은하와의 충돌로 큰 은하에게 자신의 바깥 영역을 잃어버린 작은 은하의 핵으로 생각된다.

우주 이야기

천문학자들은 구상성단의 특별한 연구 가치를 발견했다. 성단의 별들은 모두 우리로부터 같은 거리에 있어 그들의 겉보기 밝기가 그들의 실제 밝기를 정확히 알려주고 있기 때문이다. 게다가 거의 모두 같은 시기에 형성되어 진화 정도의 차이는 오로지 그들의 초기 질량 차이에 의존하고 있는 것도 중요하다.

별들이 고도로 밀집되어 있는 구상성단 M80(18세기에 찰스 메시에가 하늘에서 특별히 눈에 띄는 천체들을 모아서 만든 목록의 80번째라는 의미)은 우리로부터 약 3만 광년 거리에 있다. 이 성단은 은하수가 탄생할 때 형성된 것으로, 그 안에서 태양과 비슷한 별들이 적색거성으로 진화하고 있다. 혼잡한 중심지역을 지나가는 별들 사이의 충돌(혹은 평화로운 병합)로 이들은 다시 회춘하여 겉보기에는 팔팔한 '푸른 방랑자별'로 바뀌기도 한다.

 우리 은하계의 이웃들

은하수와 그 이웃 은하인 안드로메다은하(62~63쪽 참조)는 커다란 나선은하로, 국부은하군이라 불리는 지름 약 1,000만 광년의 작은 은하군의 두 핵심 동반자들이다. 국부 은하군은 몇십 개의 작고 다양한 유형의 은하들을 포함하는데, 보다 상세한 내용은 184쪽에서 설명할 것이다.

국부은하군의 주요 구성원은 다음과 같다.

우리 은하계 약 4,000억 개에 이르는 별들로 구성되며, 태양 질량의 약 3조 배의 질량을 갖는다. 막대 형태의 핵을 갖고 있다.

안드로메다은하 거의 1조 개의 별을 갖지만, 질량은 우리 은하계와 거의 같을 것으로 생각된다. 역시 막대 형태의 핵을 갖는다.

M33 삼각형자리 방향에 있는 나선은하. 태양 질량의 약 500억 배의 질량을 갖고 400억 개의 별들을 포함한다.

대마젤란성운 불규칙 은하이며, 태양 질량의 약 100억 배의 질량을 갖는다.

소마젤란성운 또 다른 불규칙 은하로 쌍둥이인 대마젤란은하보다 작다. 태양 질량의 약 70억 배의 질량을 갖는다.

큰개자리 왜소은하 작고 불규칙한 은하로 지구에서 가장 가까운 은하이며, 우리 은하계의 중력의 영향을 받아서 찢어지고 있다.

궁수자리 왜소은하 우리 은하계의 위성은하로 우리 은하계의 중심핵으로부터 약 5만 광년 거리에서 공전하고 있다.

우주 이야기

거대 규모에서 모든 은하들은 우주팽창으로 멀어지고 있다. 그러나 짧은 거리에서는 팽창속도가 작아서 은하군이나 은하단 내의 은하들은 상대적으로 무질서한 운동을 한다. 사실 안드로메다은하는 우리 은하수에 접근하고 있으며 두 은하는 약 45억 년 안에 충돌할 것으로 보인다.

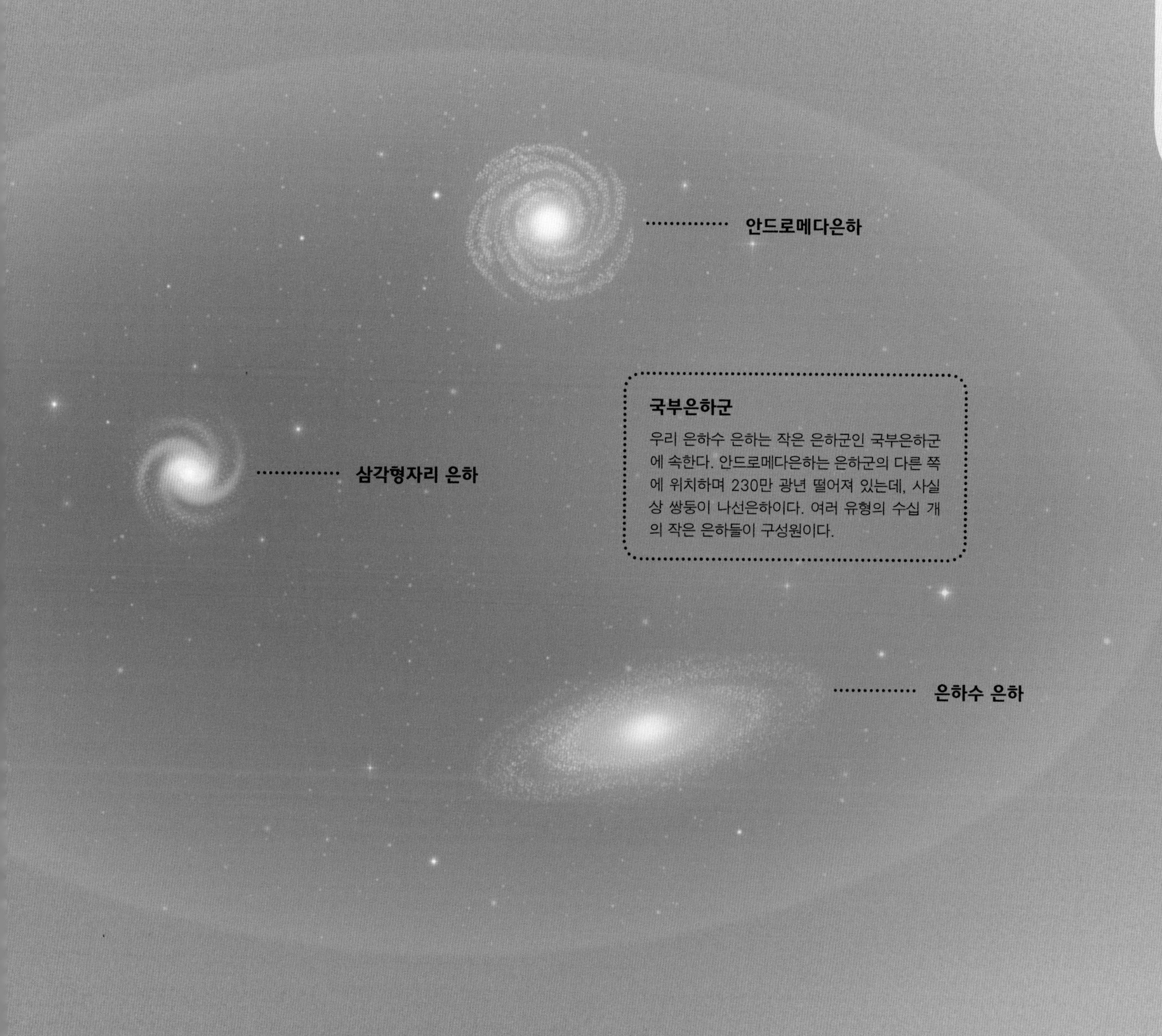

국부은하군

우리 은하수 은하는 작은 은하군인 국부은하군
에 속한다. 안드로메다은하는 은하군의 다른 쪽
에 위치하며 230만 광년 떨어져 있는데, 사실
상 쌍둥이 나선은하이다. 여러 유형의 수십 개
의 작은 은하들이 구성원이다.

 나선은하들

나선은하들은 별들의 종족이 서로 다르다는 것을 드러내는 아름다운 구조를 보여준다.

···▷ 나선은하는 중심 벌지를 갖고 있는데, 구형 또는 막대 모양을 하고 있다. 벌지는 온도가 낮고 붉고 오래된 별들로 구성된다.

···▷ 상대적으로 얇은 원반은 중심핵으로부터 바깥으로 뻗어 있으며, 나선팔을 포함하고 있다. 어두운 먼지와 가스로 구성되며 구름 속에는 더 젊고 더 푸른 별들이 박혀 있다.

···▷ 구상성단들(180~181쪽 참조)이 있는 구형의 헤일로와 개개의 별들은 은하원반을 둘러싸고 있다. 이들도 역시 불그스름하다.

은하의 나선구조의 기원은 잘 이해되지 않고 있다. 작은 은하들이 병합되어서 은하가 만들어질 때 생겨난 것으로 보인다. 이러한 은하 합병이 은하를 더 빨리 자전하게 만들었고 또 원반을 형성하게 만들었을 것이다.

우주 이야기

나선은하의 팔들은 물결처럼 은하의 가스와 먼지를 통과하는 밀도 파동이다. 파동에 의해 가스와 먼지가 집중하여, 별들이 폭발적으로 태어나는가 하면, 어리고 푸른 별들이 암흑성운 속에서 생성된다. 밀도파가 밀려왔다가 물러가면 뒤에는 별들이 남겨지고, 다음 팔이 엄습한다.

어떤 나선은하들은 느슨하게 감겨 있고 두 개의 팔 밖에 없다. 어떤 은하들은 더 단단히 감겨 더 많은 나선팔을 가지기 때문에 장대한 바람개비처럼 보인다.

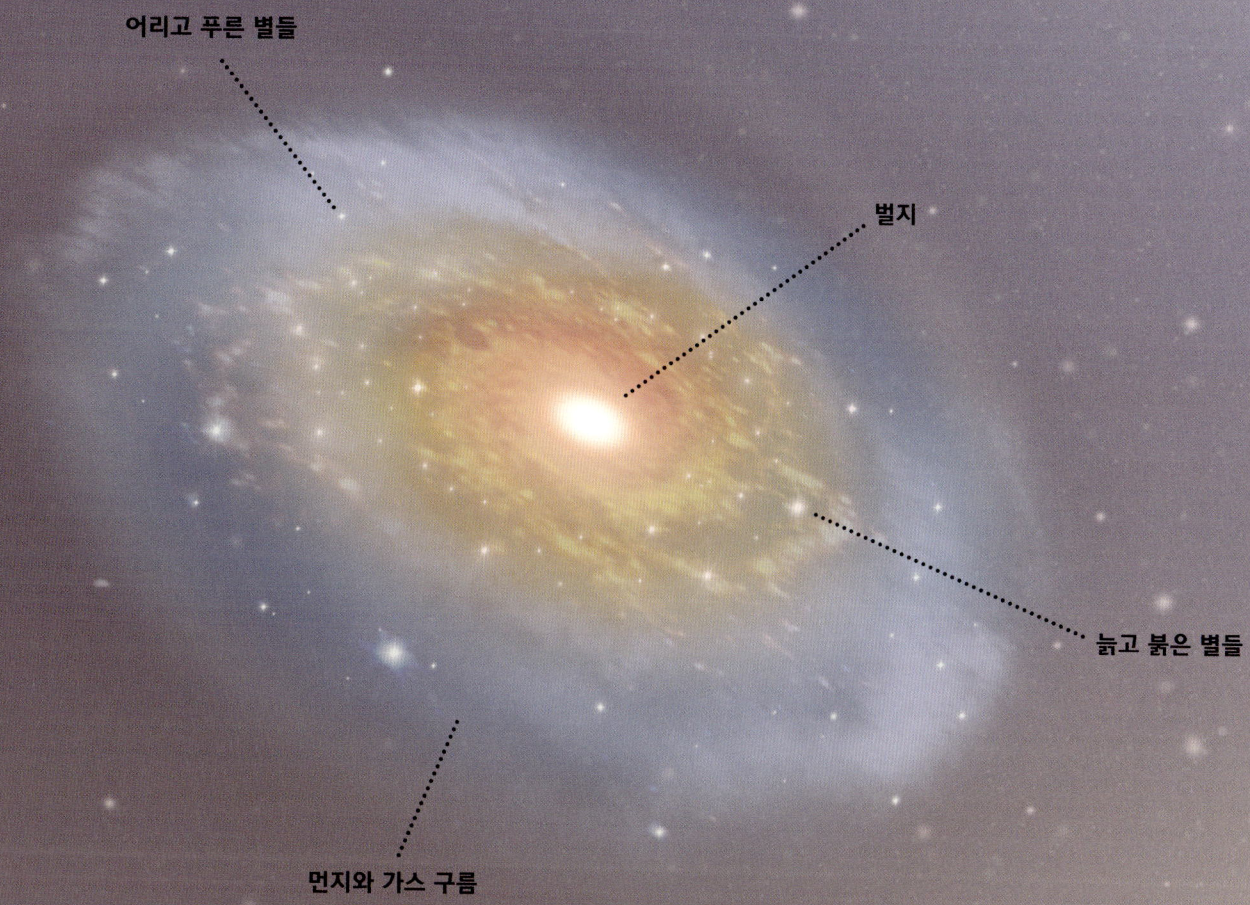

어리고 푸른 별들

벌지

늙고 붉은 별들

먼지와 가스 구름

07.05 은하 축구공

비록 타원은하들은 매우 긴 타원체부터 구형까지 변화하고 있지만, 일반적으로 럭비공이나 미식 축구공 모양을 하고 있다. 이들은 나선은하 중앙에 있는 벌지처럼 생겼다. 구성하는 별들이 질량이 작고 우주 초기에 태어나서 적색거성 단계로 진화하고 있기 때문에 붉은색을 띠며 성간가스와 먼지들이 거의 없어서 새로 태어나는 젊은 별들이 드물다. 타원은하들은 회전하지 않기 때문에-별들은 개별적으로 중심 주위를 돈다-거대해질 수 있다. 가장 큰 것은 1조 개의 별들을 가진다.

타원은하들은 작은 은하들을 합병하여 자라왔기 때문에 은하 식탐의 산물처럼 보인다. 이러한 충돌의 결과로 자주 타원은하가 만들어진다. 충돌의 거대한 산물은 더 작은 은하를 삼켜 나간다(190~191쪽 참조).

타원은하들은 초기에 형성된 것처럼 보인다. 그들은 먼 거리에 있을수록 더 흔한데, 우리는 우주의 나이가 수십억 년 정도 된 초기에 이들을 볼 수 있다. 어떤 은하들은 처음에 타원은하였다가 나선은하로 발전한 것 같다. 이들은 가까운 우주에서 더 흔하다.

한 타원은하가 붉게 빛나고 있다. 구성원 대부분이 나이를 먹고, 부피가 커져서 온도가 낮은 거성들이기 때문이다. 이 은하에는 온도가 더 높고 푸른빛을 띠는 새로운 별들을 형성할 가스나 먼지가 거의 없다.

 형태가 없는 은하들

많은 은하들이 나선은하나 타원은하로 분류될 수 없다. 이들은 형태가 불규칙하다. 작고, 성간먼지가 많고 푸른빛을 띠는 별들이 모여 있으며 때때로 중심에서 어떤 극단적인 활동이 발생하여 형태가 일그러지기도 한다(192~193쪽 참조). 혹은 다른 은하와의 충돌이나 근접 상호작용을 통해 본래의 형태를 잃어버리기도 한다(190~191쪽 참조).

천문학 기술이 발전함에 따라 불규칙 은하들의 과거 구조의 미묘한 흔적들을 찾아내고 그때 당시를 재분류하는 것이 가능하게 되었다. 가장 유명한 은하의 하나는 이전에 불규칙 은하로 분류되었던 큰곰자리의 여송연은하 M82이다. 별들과 먼지들이 여송연 형태를 하고 있어 붙은 이름으로, 그 중심핵에서도 우리 은하수 전체에서 형성되는 것보다 10배나 빠른 속도로 새로운 별들이 형성되고 있다. 현재 두 개의 나선은하들이 충돌하고 있어 나선팔들을 보기 힘들다.

은하수의 가장 가까운 두 이웃 은하들은 남반구 하늘에서 볼 수 있는 대마젤란성운과 소마젤란성운이다. 이들은 막대나선구조의 흔적이 남아 있다(184~185쪽 참조). 은하들은 겉보기에 서로 간의 상호작용과 은하수와의 상호작용으로 분열되고 있는 것으로 보인다. 가스와 별들로 이루어진 다리가 두 개의 작은 은하들을 연결하고 있고, 물질의 흐름이 은하 바깥쪽 주위로 곡선을 그리고 있으며, 은하수의 원반은 이 성운들에 의해 굽어져 있다.

불규칙 은하들은 정해진 형태가 없고,
많은 양의 가스와 먼지, 수많은 젊고
밝은 푸른 별들을 포함하고 있다.

 충돌하는 은하들

은하들 사이에 존재하는 광대한 공간에도 불구하고 은하들은 놀랄 정도로 흔하게 충돌한다. 우주의 나이가 젊을 때는 은하들이 더 많이 붐볐으므로 훨씬 더 자주 충돌이 일어났을 것이다. 이와 같이 추측하는 이유는 은하들이 만신창이가 된 모습들이 많이 발견될 뿐만 아니라 더 많은 은하들이 과거에 근접 조우했던 흔적들을 보여주기 때문이다.

은하들이 충돌할 때 별들이 서로 부딪히지는 않는다. 상대적으로 별들은 은하들 사이의 거리보다 훨씬 더 멀리 떨어져 있기 때문이다. 그러나 은하들 안에 있는 가스 구름들이 서로 충돌하여 합병된 은하의 중심에 정착하게 되며 그곳에서 별들이 폭발적으로 생성되고, 초대질량블랙홀이 형성될 조건이 완성된다.

보다 더 빈번히 거대은하들이 가까스로 충돌을 피하는 대신 서로 상대은하의 별들과 물질을 끌어당겨 긴 물질의 흐름을 만들어내기도 한다.

우주 이야기

수레바퀴은하는 은하 충돌의 결과를 생생하게 보여준다. 우리 은하수의 1배 반 정도 크기의 이 은하는 약한 바퀴살을 가진 원반 모양의 은하 가장자리에 밝고 젊은 별들이 몰려 테를 이루며 강력한 X선을 방출하고 있다. 그 전엔 평범한 나선은하에 불과했던 이 은하의 원반을 작은 은하가 관통해 지나간 2억 년 후의 모습을 우리는 보고 있는 것이다. 별 형성의 충격파가 바깥으로 물결처럼 퍼져나가 밝은 고리를 만들고 있는데 바퀴살은 실제로는 나선 팔이 스스로 재건되고 있는 것이다.

은하들이 충돌하기 위해 돌진하고 있다. 우리로부터 2억 9000만 광년 거리에 있는 생쥐은하들이 머리털자리 방향으로 충돌하기 위해 서로 접근하고 있다. 한 은하로부터 늘어난 기다란 '꼬리'는 다른 은하의 중력장에 의해 분출된 별들의 흐름이다. 두 은하는 아마 과거에도 여러 차례 충돌했을 것으로 보인다.

 난폭한 은하들

　　1963년에 3C 273이라 불리는 전파원의 위치에서 희미하고 별처럼 보이는 천체가 발견되었다. 이 '별'의 스펙트럼은 스펙트럼 선들이 붉은색 쪽으로 심하게 편이되어 있었다는 것을 알아차리기까지 불가사의했다(64~65쪽 참조). 이것은 그 별이 우주적 거리, 다시 말해 수십억 광년 너머에 있으며 전파 파장 영역에서 믿을 수 없을 만큼 '밝다'는 사실을 의미했다. 이는 이 작은 천체가 우리 은하수와 같은 은하들이 방출하는 에너지의 100배의 에너지를 쏟아 붓고 있다는 것을 의미했으며 '별과 유사한 전파원'이라는 의미에서 퀘이사라 명명되었다.

　　점점 더 많은 퀘이사들이 발견되면서 광학 영역에서 믿을 수 없을 만큼 많은 에너지를 방출하는 천체들의 존재가 확인되었고, 이처럼 먼 곳에 존재하는 극도로 밝은 천체들을 활동은하로 부르게 되었다.

　　퀘이사의 놀라운 에너지 출력 수준은 물질이 블랙홀 속으로 빨려 들어가며 우주에서 영원히 사라진다는 개념이 발전하기 전까지 과학계에서 받아들이기 어려운 것이었다. (170~171쪽 참조). 활동은하의 심장부에서는 별들과 먼지와 가스들이 블랙홀 속으로 빨려 들어가기 직전 블랙홀 주위로 원을 그리며 돈다. 물질이 마침내 그 속으로 떨어질 때 질량의 10%가 순수한 에너지로 변환되는데 이는 알려진 다른 그 어떤 에너지 생성과정보다 훨씬 더 효율적인 것이다.

우주 이야기

활동은하들은 매우 먼 거리, 다시 말해 우주의 나이가 수십억 년밖에 되지 않았을 때 훨씬 더 자주 발견된다. 이러한 사실은 모든 은하들이 그 중심에 있는 블랙홀이 주위의 물질을 모두 삼켜서 사그라질 때까지 매우 난폭한 젊은 시절이 있었다는 것을 의미한다.

활동은하의 심장부로부터 고에너지 입자들의 제트가 분출되며 우주를 가로질러 저 멀리까지 전파와 X선, 가시광선들을 쏟아내고 있다. 이러한 현상에는 은하 중심에 있는 블랙홀이 관련되어 있다.

 은하단

 은하들은 대개 사교성이 좋아서 무리를 형성한다. 은하단들은-우리 국부은하군 같은 더 작은 은하 무리들도 포함-지름이 약 3,000만 광년에 이르고, 수천 개의 은하들을 포함한다. 은하단들은 또 초은하단이라 부르는 더 큰 은하단을 형성하는데, 이들의 지름은 3억 광년에 이른다. 우리 국부은하군은 한 은하단의 일부가 아니라, 수백 개의 다른 은하군, 은하단들과 함께 처녀자리 초은하단의 일부가 되는데, 이 초은하단의 지름은 약 1억 1,000만 광년에 달한다.

 은하단들은 한때 '전全 우주'라 불리기도 했는데, 규모가 커진 은하와 같은 것이다.

 ⋯⋯▶ 어떤 은하단들은 규칙적이거나 구형인 형태를 이루며, 은하들의 수는 밀집된 중심에서부터 밖으로 갈수록 서서히 줄어든다.

 ⋯⋯▶ 어떤 은하단들은 불규칙적이다.

 ⋯⋯▶ 때때로 은하단들은 서로 충돌하기도 하는데, 이는 은하들이 충돌하는 것과 같다.

 모든 은하단들은 그들의 중력효과에 의해 우리가 관측할 수 있는 눈에 보이는 빛과 눈에 보이지 않는 복사로 추산되는 질량보다 훨씬 많은 질량을 갖고 있음을 보여준다 (206~207쪽 참조).

우주 이야기

'모래 알갱이 안에 있는 하나의 세계'를 보았던 시인 윌리엄 블레이크처럼 천문학자들도 거의 같은 일을 할 수 있다. 만약 여러분이 한 알의 모래 알갱이를 손에 쥐고 팔을 뻗어 하늘을 가린다면, 그 안에는 1만 개의 은하가 들어 있다.

은하단 안에는 수천 개의 은하들이 있을 수 있는데, 이 안
개에는 각각 수백 혹은 수천 억 개의 그리고 모든 종류의
별들을 포함하고 있다.
은하단 안에 있는 은하들 사이에는 눈에 보이지 않는 가
스들이 있다. 이들은 X선을 방출하는 것으로 미루어 수
천만~수 억℃로 온도가 높다는 것을 시사한다. 은하단
안의 가스의 질량은 보통 눈에 보이는 은하들 질량의 두
배만큼 크다.

 장성과 거대공동

매우 거대한 규모, 다시 말해 수십억 광년에 걸쳐서 그리고 시간을 거슬러 올라서 우주를 관통해보면, 그 구조는 보다 분명해지고 초창기에 그곳에서 일어났던 과정의 흔적을 더 분명히 볼 수 있다.

물질의 뭉침은 초은하단으로 끝나지 않으며, 다시 수억 광년 규모에서 장성과 필라멘트로 뭉친다. 이들은 거의 대부분이 은하가 없이 텅 빈 공간, 거대공동이라 불리는 보통 약 7,500만 광년에 이르는 거대한 크기의 공간을 둘러싸고 있다. 이 규모에서 은하단들이 거대공동의 벽을 형성하는 '거품 같은' 모습을 보이는데 스위스 치즈보다는 비누거품 덩어리에 더 흡사한 모습이다.

이런 구조는 아마도 우주가 약 30만 년 되었을 때 그리고 온도가 수천도 이하로 떨어졌을 때의 모습이다. 전자들과 빅뱅으로부터 형성된 수소와 헬륨의 원자핵들은 서로 결합하여 원자들을 형성하였고 그 순간 이전에 발달했던 뜨거운 물질의 밀도 요동은 얼어붙게 되었다. 또한 보다 밀도가 높은 영역은 물질을 더 끌어당겨 은하로 축적되었다. 그때 이후 우주는 천 배로 팽창되어 이러한 초기의 차이가 팽창하여 오늘날 우리가 보는 구조가 되었다.

우주 이야기

물질의 '군집'은 결국 끝이 나게 되었다. 약 3억 광년보다 더 큰 크기에서 은하의 뭉침은 공간에 균일하게 분산되어 더 이상 초-초은하단은 없다. 우주론 학자들은 이러한 불규칙성이 배제되고 균형이 잡힌 것을 '거대함의 끝'이라고 부른다.

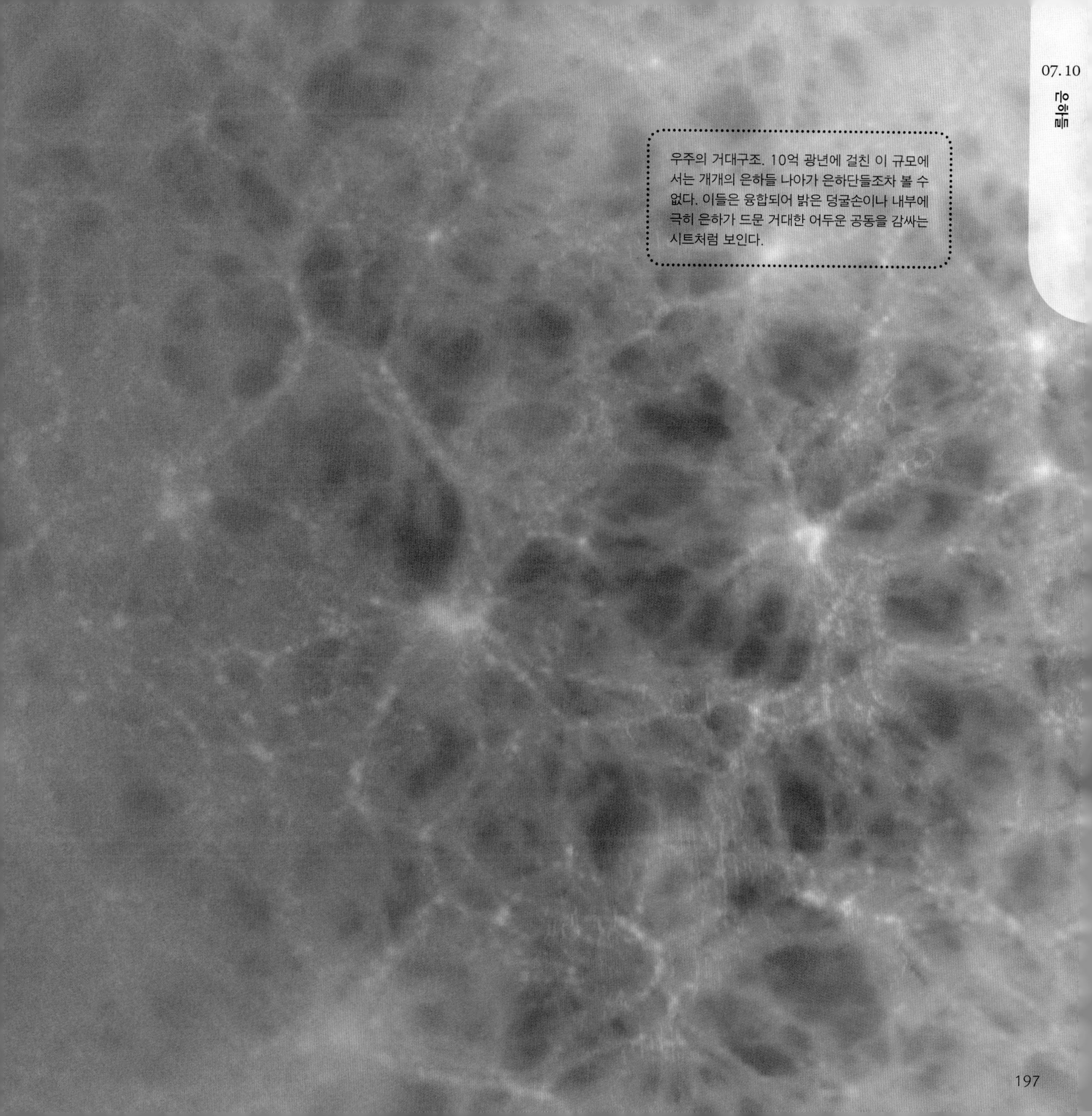

우주의 거대구조. 10억 광년에 걸친 이 규모에서는 개개의 은하들 나아가 은하단들조차 볼 수 없다. 이들은 융합되어 밝은 덩굴손이나 내부에 극히 은하가 드문 거대한 어두운 공동을 감싸는 시트처럼 보인다.

제 8 장

우주

 팽창하는 우주

만약 우주가 135억 년 전의 거대한 폭발로부터 팽창해왔다면, 폭발은 어디에서 일어났을까? 그리고 폭발이 일어나는 동안 최초의 물질의 바깥쪽에서는 무슨 일이 있었을까?

첫 번째 질문에 대한 답은 이렇다.

"폭발은 아무 데서도 일어나지 않았다" 또는 "폭발은 어디에서나 일어났다"

오늘날 우주 어디를 콕 집어서 바로 이곳에서 폭발이 일어났다고 가리킬 수 있는 유일한 장소는 없기 때문이다.

그리고 두 번째 질문에 대한 대답은 "바깥이란 없다"는 것이다. 예를 들어 우주의 크기가 축구장 만했을 때, 바로 그때 존재하는 공간은 모두 가득 차 있었다. 그리고 그로부터 1년 후가 되었을 때, 우주의 크기는 오늘날의 은하 크기로 성장했고 여전히 존재하는 모든 공간은 가득 채워져 있었다.

팽창하는 풍선과 같이 커지는 우주를 떠올리면 된다. 그러나 우주는 풍선의 내부가 아니라 탄성이 있는 풍선 거죽이다. 풍선의 거죽은 우리의 일상적인 3차원 공간에 대한 2차원적인 비유에 해당된다. 만일 여러분이 풍선 거죽에 거주하는 2차원 개미라면, 바깥은 없는 것이다. 그러나 우주에는 유한한 크기가 있으며, 그 크기는 우주의 팽창과 함께 증가한다.

30억 년의 우주

우주 이야기

은하들과 은하단은 우주의 팽창과 함께 커지지 않는다. 중력이 충분히 강해서 그들을 함께 붙들어두기 때문이다. 하지만 더 거대한 구조들, 다시 말해 초은하단과 장성 그리고 필라멘트들은 (196~197쪽 참조) 팽창과 함께 서로 더 멀어진다.

현재

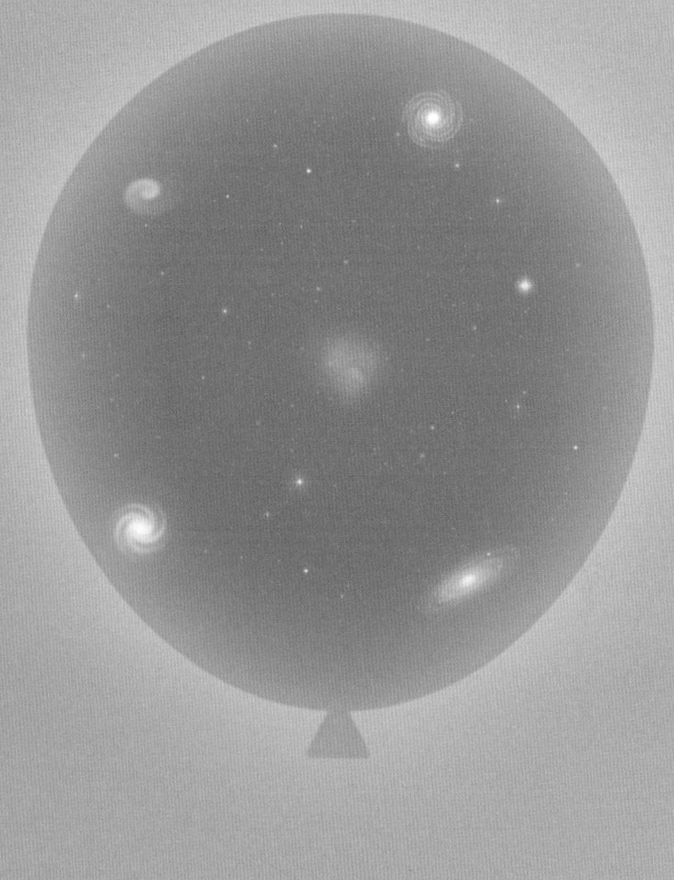

70억 년의 우주

장난감 풍선은 팽창하는 우주를 보여주는 모형이 된다. 이 모형을 보면 은하들은 풍선 표면에 붙어서 서로 멀어져간다. 각각의 은하들은 다른 모든 은하들이 자신으로부터 멀어지는 것을 보게 된다. 은하들의 관점에서 보면 어떤 은하도 특별하지 않다. 풍선 표면의 어떤 점도 팽창의 중심이 아니다.

 간략한 빅뱅의 역사

우주론 학자들은 빅뱅으로부터 현재에 이르기까지 우주가 성장해온 줄거리를 안다고 확신한다. 이들의 확신은 대부분 초기 우주가 매우 뜨거웠다는 사실과 물질의 거동은 어떤 점에서는 고온에서 더 단순해진다는 사실에 근거하고 있다. 그러나 1초의 몇 분의 1도 안 되는 초기의 우주는 아주 지독히도 뜨거웠다. 우주의 온도는 상상할 수 없을 정도로 높아서 우리가 아는 물리학 이론이 완전히 붕괴되어 무슨 일이 일어나고 있는지 확신 있게 말할 수 있는 것은 아무것도 없었다.

우주 연대표

다음은 우주가 팽창하고 식어가면서 현재까지 우주의 여정을 보여주는 몇 개의 이정표이다. 주의: 매우 큰 수와 매우 작은 수를 나타내기 위해 간편한 과학적 표기를 사용하였다. 예를 들면:

- → 10^6은 6번 10을 곱한다는 뜻으로 1000,000을 의미한다. 따라서 10^{35}은 숫자 1 뒤에 35개의 0이 온다는 의미이다.
- → 또한 10^{-6}은 1을 10^6, 다시 말해 100만으로 나눈다는 의미이고, 10^{-35}는 1을 10^{35}로 나눈다는 의미이다.

시초
아무것도 모른다 – 현재의 물리학이 성립하지 않는다.

10^{-43}초
두 가지 근본적인 힘, 다시 말해 중력과 대통일 힘이 존재한다.

10^{-35}초
우주가 팽창한다. 순식간에 아원자보다 더 작은 크기에서 집 크기까지 폭발적으로 커진다.

10^{-32}초
우주가 보다 완만한 페이스로 팽창한다. 팽창률이 서서히 감소한다. 우주는 입자들과 복사가 뒤섞인 수프와 같다. 근본 힘들이 오늘날 알려진 4개의 힘으로 분리된다.

10^{-6}초
보다 근본입자들이 결합하여 양성자와 중성자들이 형성된다.

3분
양성자들이 중성자들과 경합하여 헬륨의 원자핵과 더 무거운 원소들의 핵을 만든다.

37만 년
전자들과 원자핵이 결합하여 원자들을 형성한다. 복사는 자유롭게 공간을 여행하며 오늘날에는 마이크로파 우주배경복사로 관측된다.

2억 년
최초의 별들이 태어난다.

10억 년
최초의 은하들이 형성된다.

90억 년
우주팽창이 가속되기 시작한다.

137억 년
오늘날의 우주

우주의 나이 : 빅뱅에서부터 현재까지

137억 년
오늘날의 우주

10억 년
최초의 은하들

37만 년
원자들 형성

10^{-35}초
인플레이션

빅뱅

우주 이야기

오늘날의 우주에는 4가지 근본 힘이 존재한다. 중력, 전자기력, 두 가지 유형의 핵력으로, 이들은 세기에 있어서 매우 다르다. 그러나 우주 초기에는 모든 입자들에 똑같이 영향을 미치는 하나의 초강력이 있었다. 그리고 빅뱅 후 1초의 몇 분의 1도 안 되는 짧은 시간 안에 오늘날 우리가 알고 있는 힘들로 분리되었다.

 # 우주의 끝에 드리운 안개

하늘 전체에는 가장 멀리 있는 은하들의 배경처럼 우주 안개가 깔려 있어서 끊임없이 쉭쉭 복사를 내뿜고 있다. 이 복사선은 마이크로 오븐에 사용하는 마이크로파 파장의 약 1/60에 해당하는 2㎜ 근처에서 극대를 이루는 파들의 집합체이다.

모든 물체는 그 온도에 해당하는 열복사를 방출한다. 이 우주 초단파 배경^{CMB,} $^{cosmic\ microwave\ background}$복사는 절대영도에서 바로 2.7℃ 높은 온도의 물체가 방출하는 열복사의 특성을 갖는다(절대영도는 물체 안의 모든 원자들이 정지하게 되는 가장 낮은 온도이다). 우주배경복사의 온도는 우주의 평균온도에 해당한다.

우주배경복사는 우주 탄생 후 약 37만 년 되었을 때 방출된 복사인데, 우주 시간규모에서는 단지 찰나에 불과한 순간에 해당한다. 이때까지 우주는 전자들과 원자핵 그리고 복사가 북적이며 서로 밀치고 있었다. 이 혼합물이 약 3000℃로 식었을 때 전자들과 원자핵이 결합하여 중성(전기적으로 전하를 띠지 않은)원자를 형성했을 때이다. 중성원자들은 전자기적 복사와 좀처럼 상호작용하지 않으므로, 우주는 갑자기 투명해졌고 복사는 거의 아무런 방해도 받지 않고 우주를 떠돌아다닐 수 있게 되었다. 이들은 여전히 우주를 떠돌고 있는데 이것이 우리가 보는 우주배경복사이다. 그후 우주는 계속 팽창하면서 식어왔고 우주배경복사의 파장은 길어지고 온도는 낮아져서 현재의 온도까지 식게 되었다.

우주 이야기

여러분이 우주배경복사를 검출하는데 전파 망원경이 필요한 것은 아니다. 구식 브라운관 텔레비전 수상기의 채널을 맞추지 않았을 때 화면에 나타나는 '전파 잡음'의 몇 퍼센트는 우주배경복사이다.

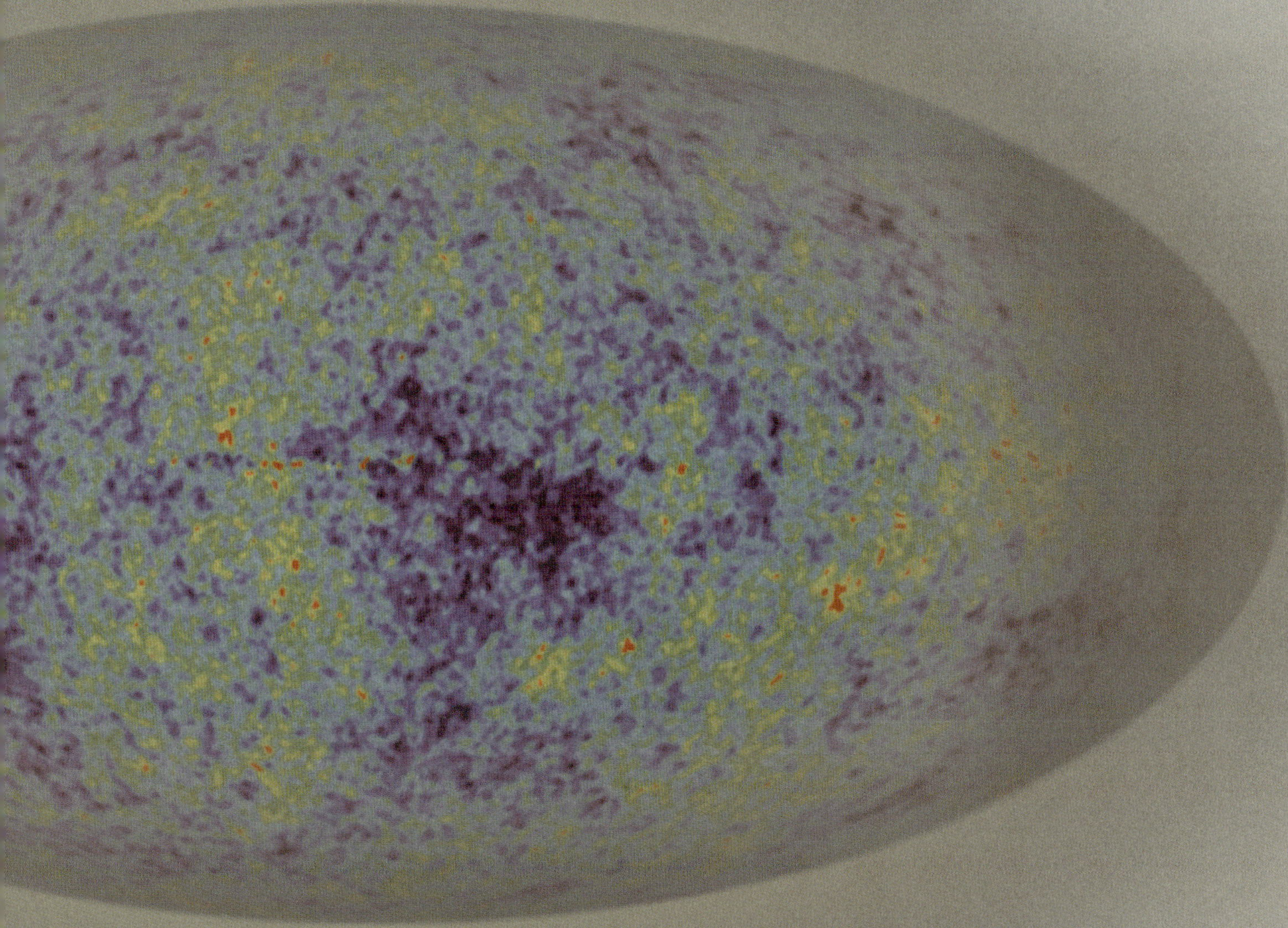

우주배경복사는 가장 먼 은하 너머에 놓인 배경을 형성한다. 우주의 나이가 30만 년 정도였을 때부터 떠돌다가 우리에게 온 것으로 이를 색으로 표시했는데, 빨간색은 가장 높은 온도, 어두운 청색은 가장 낮은 온도를 나타내며 그 차이는 기껏해야 1/30000에 불과한 것이다. 우주배경복사에 나타난 이 파문은 우주 초기에 시작되었던 요동, 다시 말해 은하들로 성장하는 데 씨앗이 되었던 요동을 나타낸다.

 캄캄한 우주

최근에 천문학자들은 우리가 우주에서 볼 수 있는 모든 것, 다시 말해 빛을 통해서 보든지, 전파, X선, 중성미자 혹은 그 무엇을 통해서 보든지 우리가 보는 것은 단지 우주라는 빙산의 일각이지도 모른다는 의심을 품기 시작했다. 우리가 눈으로 보는 것보다 우주 안에는 훨씬 더 많은 물질이 있다는 분명한 징표가 있다.

은하들은 그 내부에 있는 물질의 양으로 추정되는 속도보다 훨씬 더 빠른 속도로 회전한다. 또한 그들이 속해 있는 은하단 안에서 은하들의 수로 추정되는 속도보다 빠르게 궤도를 돌고 있다. 만약 은하단의 구성원들이 보이지 않는 어떤 것의 영향을 받고 있지 않다면, 은하단들은 오래 전에 붕괴되었어야 한다. 이것을 '암흑물질'이라 부른다(암흑에너지와 혼동하지 않도록 한다. 208~209쪽 참조).

암흑물질이 될 수 있는 후보는 다음과 같다.

- **MACHOs** 무거운 고밀도 헤일로 천체들, 즉 너무 어두워서 보이지 않는 별의 잔해나 매우 밀도가 높은 천체들로 예를 들면 백색왜성, 블랙홀이나 중성자별들이다. 그러나 이들은 암흑물질의 단지 작은 일부만 설명할 수 있을 것으로 보인다.
- **WIMPs** 약한상호작용을 하는 무거운 입자들, 즉 중력이나 약한핵력(방사성과 연루되는 힘)과 약하게 상호작용하는 발견되지 않는 유형의 기본입자들로서 전자기력이나 강한핵력(핵을 결합시키는 힘)과는 상호작용하지 않는다. WIMPs를 찾기 위해 스위스 제네바 근교의 대형강입자충돌기[LHC]를 비롯해 여러 실험실에서 실험 중이다.

우주 이야기

DAMA(영어로 DArk MAtter에서 이름을 딴)라 불리는 이탈리아의 한 연구팀은 지구를 지나간 WIMPs를 검출했다고 주장했다. 지하에 설치한 검출기에서 6월 초에 최대치를 기록한 1년 동안 값이 변하는 정체가 확인되지 않은 입자들의 흔적을 포착했다는 것이다. 연구팀은 이것이 지구가 태양 주위를 돌때 은하수 속을 다른 속도로 지나가면서 생긴 것이라고 주장했다. 그러나 이들의 주장은 아직 확인되지 않고 있다. 다른 어떤 연구소에서도 아직 그러한 입자들을 검출하지 못했기 때문이다.

심연 아래

우리는 '보통' 물질과 넓은 파장 범위로 복사하는 우주의
에너지를 관측한다. 그러나 우주에는 이보다 5배나 더 많
은 '암흑' 물질이 있는데, 오직 끌어당기는 중력으로 그
모습을 드러낸다. 그리고 우주에는 이보다 3배나 더 많
으면서 완전히 비밀에 싸인 '암흑에너지'가 존재해 우주
의 팽창을 한층 더 빠르게 몰아가고 있다.

 가속되는 우주

1998년에 놀라운 발견이 이루어졌다. 제 Ia 유형의 초신성(동반성의 외곽층을 게걸스럽게 먹어치운 후 폭발하는 유형의 초신성)을 이용한 광도 측정 방법은 이전보다 더 먼 거리에 있는 은하들까지의 거리를 측정 가능하게 했다. 이들이 적색편이되는 정도를 비교해본 결과 우주의 팽창은 일정하지 않은 것으로 나타났다. 만약 우주팽창이 느려지고 있었다면 놀라운 일은 아니었을 것이다. 우주 안의 모든 물질들 사이에는 상호간에 끌어당기는 인력이 작용할 것이기 때문이다. 하지만 전혀 뜻밖에도 우주의 팽창은 가속되고 있었다.

우주론 학자들은 명백한 가속에 당황했다. 학자들은 현재 이러한 가속의 원인을 우주가 팽창하면서 공간 도처에 나타나는 암흑에너지에 의한 것으로 보고 있다. 암흑에너지가 무엇인지에 대한 잠정적인 이론은 여러 가지가 있지만 확실히 인정받는 이론은 아직 없다.

우주가 작았을 때일수록 암흑에너지는 더 적었고 밀어내는 힘도 더 작았다. 천체들 사이에 서로 끌어당기는 인력 때문에 팽창은 실제로 줄어들기 시작했다. 그러나 약 50억 년 전에 우주는 암흑에너지가 중력을 넘어설 만큼 커졌다. 만약 암흑에너지가 이런 식으로 작용을 계속한다면 우주는 결코 팽창을 멈추지 않을 것이다
(216~217쪽 참조).

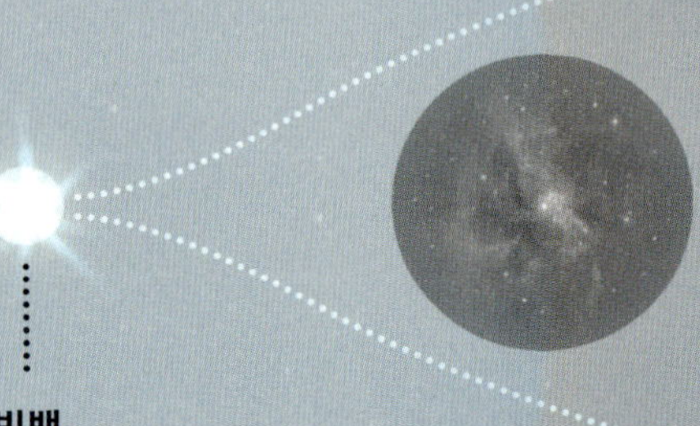

우주 이야기

알베르트 아인슈타인이 일반상대성이론을 이용하여 우주 모델을 만들려고 했을 때 우주는 수축하지도 팽창하지도 않는다고 가정했다. 이를 평형상태로 유지하기 위해 모든 물질 입자들 사이에 척력으로 작용하는 우주상수를 고안했던 아인슈타인은 허블이 은하들이 서로 멀어지고 있다는 것을 발견하자 인생의 최대의 실수가 우주상수라고 말했다. 그런데 오늘날 이는 실수가 아니라고 받아들여지고 있다. 암흑에너지가 우주 전체에 균일하게 작용하면서 우주 팽창에 가속도를 붙이는 우주상수임을 확인했기 때문이다.

인플레이션 시대에 믿을 수 없을 만큼 빠른 팽창이 있은 후, 우주의 팽창은 진정되어 보다 조용한 비율로 팽창했다. 그러나 약 90억 년 후 팽창은 다시 가속되기 시작했다.

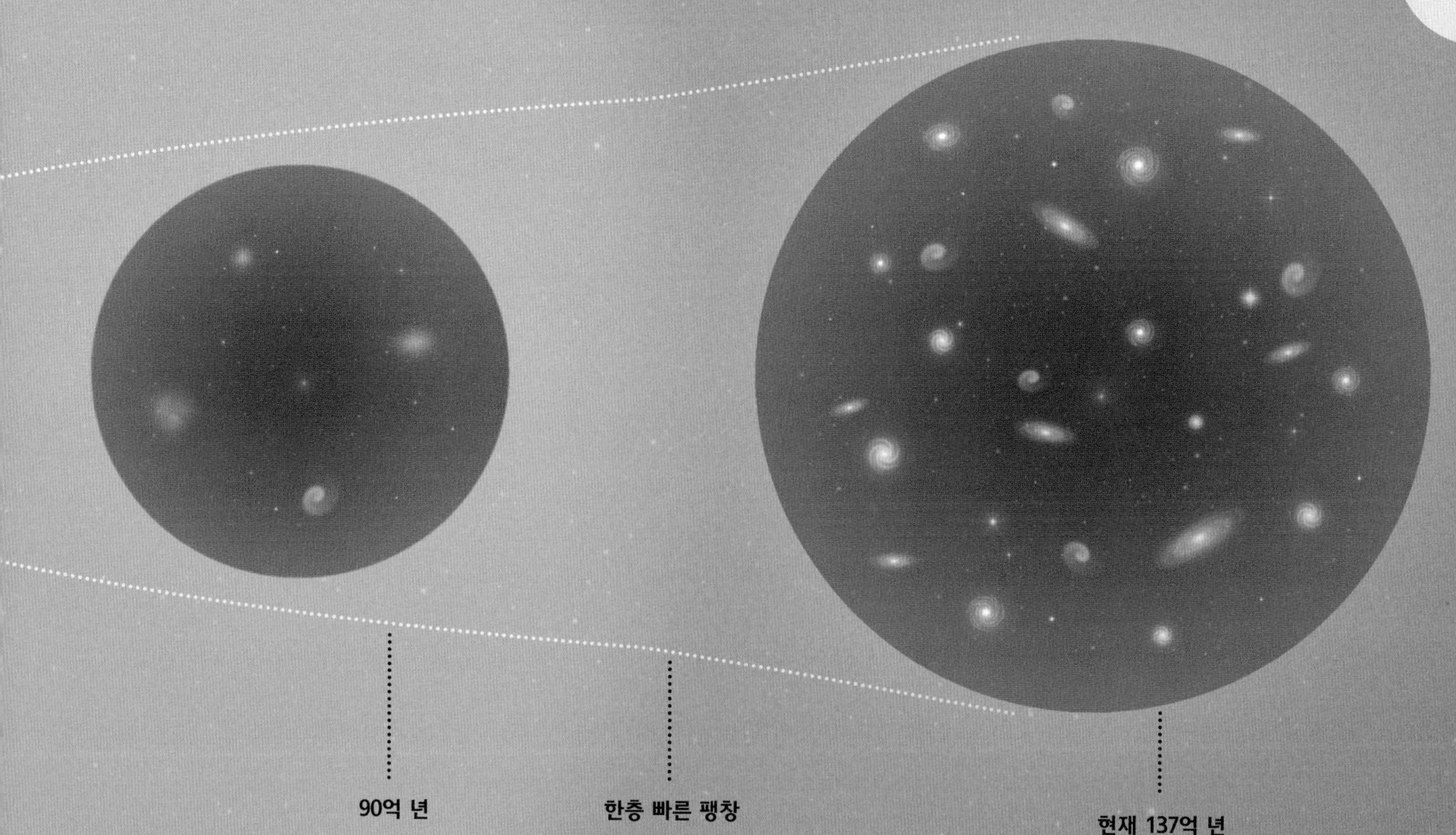

08.06 밤하늘은 왜 어두운가?

1823년 독일의 천문학자 하인리히 올베르스는 사람들에게 강한 호기심을 불러일으키는 문제, 즉 '왜 밤에는 하늘이 어두운가?'하는 문제를 제기했다. 그것은 만약 우리가 어느 방향을 바라보던지 우주가 무한히 넓고 영원하고 또 변하지 않는다면, 우리는 항상 별들을 보게 될 것이고 따라서 전 하늘을 밝아야만 한다는 것이다.

어떤 천문학자들은 우주는 무한하다고 믿었다. 그리고 멀리 있는 별들은 너무 어두워서 하늘의 밝기에 별로 기여하지 못할 것이라고 생각했다. 그러나 이들의 논리에는 결함이 있다(그 이유는 반대쪽의 설명을 보라).

올베르스는 우주 공간에 존재하는 성간물질로 인해 우주가 아주 약하지만 흐릿해지기 때문에 밤하늘이 어두운 것이라고 설명했다. 그러나 후대의 과학자들은 이러한 설명이 옳지 않다는 것을 깨달았다. 어떤 매체든지 별빛을 흡수하면 가열되고 빛나기 시작하므로 결국 다시 하늘을 밝게 만든다는 것이다.

오늘날 별들은, 은하에 속해 있다고 알려져 있는데, 우리로부터 멀어지고 있다는 사실이 발견되었다. 그리고 천문학자들은 이 현상이 지구에 도달하는 빛의 파동을 잡아 늘이고 약하게 만든다는 것을 인식했다. 그러나 이것이 완전한 답은 아니다. 모든 은하들이 갑자기 정지한다고 가정했을 때 별빛의 총량은 단지 두 배 정도밖에 되지 않는다는 계산결과에 따르면 밤하늘은 여전히 어둡다.

올베르스의 역설의 진정한 답은 우리는 단지 우주 '지평선' 안에 있는 별들밖에 볼 수 없다는 것이다. 140억 광년 거리에서 모든 은하들은 빛의 속도로 멀어지고 그 너머에서는 이들이 보이지 않는다. 그리고 지평선 안에 있는 별들의 수는 밤하늘을 밝게 만들기에는 한참 모자란다는 것이다.

우리가 영원하고 무한하고 정적인 우주 안에 산다면, 밤하늘에 보이는 별들까지의 거리는 믿기 어려울 정도로 거대하다. 별들 사이의 거리와 밝기에 대한 현재의 자료를 이용하면 우리는 10^{23}(1000억 조) 광년까지의 우주 공간을 보고 있는 것이 된다. 우리가 실제 볼 수 있는 것은 140억 광년도 못된다는 것과 비교가 되지 않는 것이다.

멀리 있는 별들은 어둡다. 그러나 그것이 밤하늘이 밝지 않은 이유는 아니다. 멀리 있는 별들은 가까이 있는 별들만큼 밤하늘의 밝기에 기여한다. 그림에서 별들의 바깥 '껍질'은 안쪽껍질에 비해 우리로부터 2배 멀리 있다. 그래서 각각의 별은 지구에서 볼 때 겨우 1/4 밝기에 지나지 않는다. 그러나 바깥껍질에는 안쪽껍질보다 4배나 많은 별들이 있다. 그래서 바깥껍질로부터 오는 빛의 총량은 안쪽껍질로부터 오는 총량과 같다. 점점 더 많아지는 껍질을 고려하면 지구로 오는 별빛의 총량은 무한하게 된다.

 우주에서 다중우주로

140억 년이 채 못 되는 시간 동안 존재해온 우주에서, 우리는 140억 광년 너머의 우주를 볼 수는 없다(210~211쪽 참조). 이 거리는 같은 시간 동안 광선이 여행할 수 있는 거리이다. 그리고 빛보다 더 빠른 것은 없다. 그 거리 너머에 있는 어떤 것도 우리와 교신할 수 없고 우리에게 영향을 미칠 수도 없다. 따라서 우주 지평선 (우주배경복사 바로 너머에 있는 지평선, 204~205쪽 참조) 안에 있는 것들이 실제로 우리 우주 전체이다.

그러나 많은 모델들은, 우리가 아는 우주는 빅뱅의 그 첫 번째 순간에 비누 거품 속의 한 거품에서 성장했다고 제안한다. 이웃하는 거품들은 우리의 우주 지평선 넘어의 우주로 성장해 우리가 알지 못하는 그들의 역사를 살아가고 있을 것이다.

이와 같은 다중우주 내에서는 물리학의 법칙은 거품마다 다를 수 있다. 만약 이런 우주의 어느 한 곳에서 중력이 약간 더 약하거나 인플레이션의 진행속도가 좀 더 빠르다면 그 우주는 너무 빨리 팽창하여 우주를 채운 가스들이 결코 별이나 행성을 형성하지 못하게 될 것이다. 그런 우주는 영원히 차가운 가스로 남아 있을 것이다.

만약 기본 힘들 간의 균형이 다르다면, 빅뱅 후 전체 우주는 한 순간에 붕괴될 수도 있다. 어쩌면 오래 지속될 수 있을지도 모르지만 핵반응이 빠르게 진행되어 별들이 형성되고 나서 수십억 년이 아니라 수백만 년밖에 타지 않을 수도 있다. 이렇게 되면 생명은 발달할 기회를 갖지 못하게 된다.

우주 이야기

어떤 우주론 학자들은 우리 우주의 다양한 양상들이 매우 정교하게 균형 잡혀 있는 방식에 깊은 감명을 받았다. 예를 들어 중력과 강한핵력 크기는 별들이 점화될 수 있고 또 오래 살아서 생명체가 싹트고 살아갈 터전을 제공한다. 그러나 상상할 수 없을 정도로 거대한 우주가 존재한다면 물리적 조건들이 무척이나 다양한 우주들이 존재해 그들 중 하나가 그러한 성질들의 올바른 조합을 만들어 생명체의 고향이 될 수 있다. 다중우주의 존재는 최고의 조율사의 존재를 가정하지 않아도 '미세조정'에 대한 설명을 제공할 수 있다.

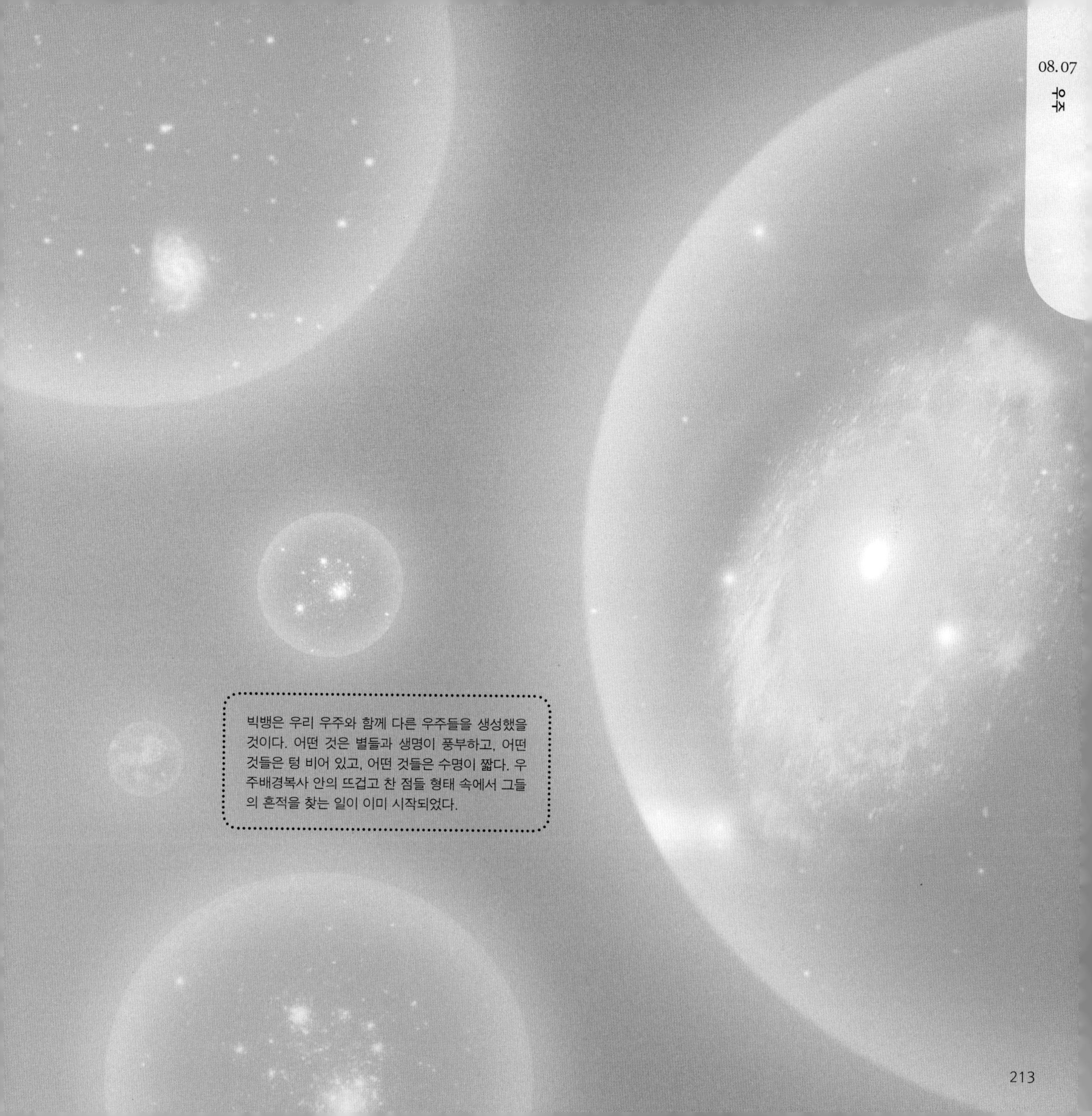

빅뱅은 우리 우주와 함께 다른 우주들을 생성했을 것이다. 어떤 것은 별들과 생명이 풍부하고, 어떤 것들은 텅 비어 있고, 어떤 것들은 수명이 짧다. 우주배경복사 안의 뜨겁고 찬 점들 형태 속에서 그들의 흔적을 찾는 일이 이미 시작되었다.

08.08 태초 이전

　빅뱅 자체에 관한 가장 큰 의문은 '무엇이 빅뱅을 유발했으며 그 이전에는 무엇이 있었느냐?'하는 것이다(물론 우리가 어떤 결론을 내놓던지 여전히 그에 대해 다시 같은 질문을 던질 수 있다. 그러나 설명하는 것은 과학자들에게 중독과 같은 것이다. 그리고 과학자들은 끝이 보이지 않는다는 이유로 포기하지 않는다).

　한 가지 답은 이 질문은 무의미하다는 것이다. 왜냐하면 시간은 우주의 팽창과 더불어 시작되었으므로 '이전'이라는 것은 없기 때문이다.

　그러나 다른 이론에 따르면 태초 이전에 우리 우주와 같은 한 우주가 붕괴하여 한 점 크기의 불덩어리를 형성한 다음 폭발했다는 것이다. 그리고 현재 우리 우주는 영원히 순환을 반복할 것이라는 것이다(216~217쪽 참조).

　또 다른 이론들은 우리의 친숙한 3차원공간과 1차원 시간 너머에 우리가 인식하지 못하는 ─ 비록 LHC 가속기와 같은 장치를 이용한 고에너지 실험은 그들을 탐구할 수 있게 해 주기는 하지만 ─ 또 다른 차원들이 있다고 주장한다. 많은 3차원 배아 우주들이 이런 고차원 속으로 떠돌고 있다. 이들 둘이 서로 충돌했을 때 빅뱅과 함께 우리 우주의 역사가 시작되었다. 그리고 우리 우주가 사라질 때 또 다시 미래의 충돌을 유발할 수 있다는 것이다.

우주 이야기

2010년 우주론 학자들은 우주배경복사(204~205쪽 참조) 속에서 원형패턴을 발견했으며, 이것은 우리 우주 이전에 존재했던 우주의 초대질량블랙홀들 사이에 있었던 충돌의 메아리라고 주장했다. 이 아이디어는 곧바로 다른 동료과학자들에게 말도 안 되는 헛소리로 취급받았지만, 이것은 원리적으로 빅뱅 이전의 시대를 탐사할 수 있음을 보여준다.

아마도 우리 우주는 이전에 존재했던 우주의 죽음으로부터 태어났는지도 모른다. 오래된 우주의 붕괴는, 거꾸로 진행되는 빅뱅처럼 보일 수도 있다. 은하들이 한 덩어리로 충돌하여 불덩어리로 휩싸인다. 그리고 빅뱅으로 다시 태어나서 이번에는 똑바로 진행된다.

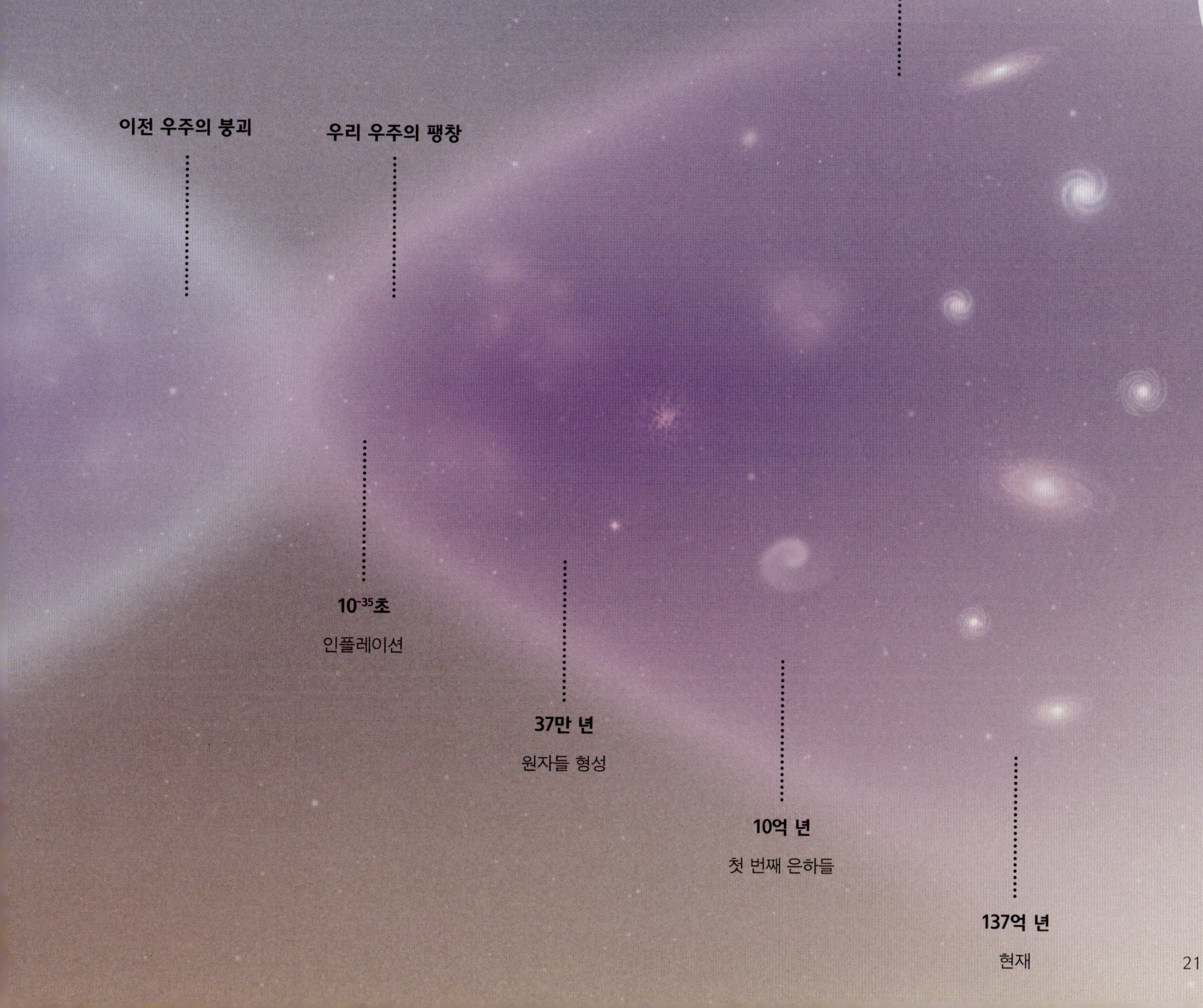

우리 우주

이전 우주의 붕괴

우리 우주의 팽창

10^{-35}초

인플레이션

37만 년

원자들 형성

10억 년

첫 번째 은하들

137억 년

현재

 앞으로의 전망

1세기 전에는 우주가 어떻게 종말을 맞게 될지 분명해 보였다. 별들의 불빛은 연료를 모두 소모하면 모두 꺼지게 되고, 우주는 차갑게 식어버린 별들의 시체로 가득 찬 어둠 속으로 가라앉게 될 것으로 보였다. 그러나 현재 물리학과 우주론은 다음과 같은 몇 가지 가능한 종말을 제시한다.

- 빅크런치(대함몰) 이론에서는 우주의 팽창이 어느 날 늦추어지고 반대로 진행된다. 그리고 200억 년도 안 되어서 모든 물질은 안쪽으로 떨어지게 된다. 물질과 복사는 함께 더 높은 밀도로 뭉쳐져 온도가 올라가게 된다. 우주는 다시 한 번 전하를 띤 입자들과 복사의 바다가 된다. 중력은 점점 더 강해져서 마침내 전 우주를 빨아들이게 된다.

- 빅크런치는 빅바운스(대반동)를 낳을 수도 있다. 새로운 빅뱅이 물질을 다시 내던져버리며 우주의 순환을 반복할 수도 있다(그러나 아마도 그렇지는 않을 것이다. 아마도 우주는 단지 빅뱅에서 빅크런치의 연속으로 진행될 것이다).

- 빅립(대파열) 이론은 오늘날 우주의 팽창은 가속되고 있다는 사실로부터 얻어진 것인데, 은하들, 행성계, 그리고 별들, 행성들, 원자들까지 산산히 부서질 것이라는 것이다.

- 빅프리즈(대동결). 팽창은 단조롭게 그리고 영원히 진행되어 모든 구성원인 별들이 가물거리며 꺼진다.

우주 이야기

만약 우주가 영원히 지속된다면 도중에 다음과 같은 일련의 수많은 이정표 혹은 묘비를 지나게 될 것이다.

1조 년 후: 최후의 별들이 형성된다.
2조 년 후: (우리 국부은하군이 속해 있는) 처녀자리 초은하단 너머의 은하들이 시야에서 사라진다.
10조 년 후: 수명이 긴 적색왜성들이 더 이상 빛나지 않는다.
10^{34}년 후: 물질이 백색왜성, 중성자별, 그리고 블랙홀 안에 갇힌다.
양성자들은 더 가벼운 입자들로 붕괴한다.
10^{43}년 후: 모든 입자들이 블랙홀 속으로 빨려 들어간다. 이제 우주의 유일한 존재물이 된다.
10^{100}년 후: 블랙홀이 증발한다. 우주는 전자, 중성미자 그리고 매우 낮은 에너지의 광자들의 바다가 된다.

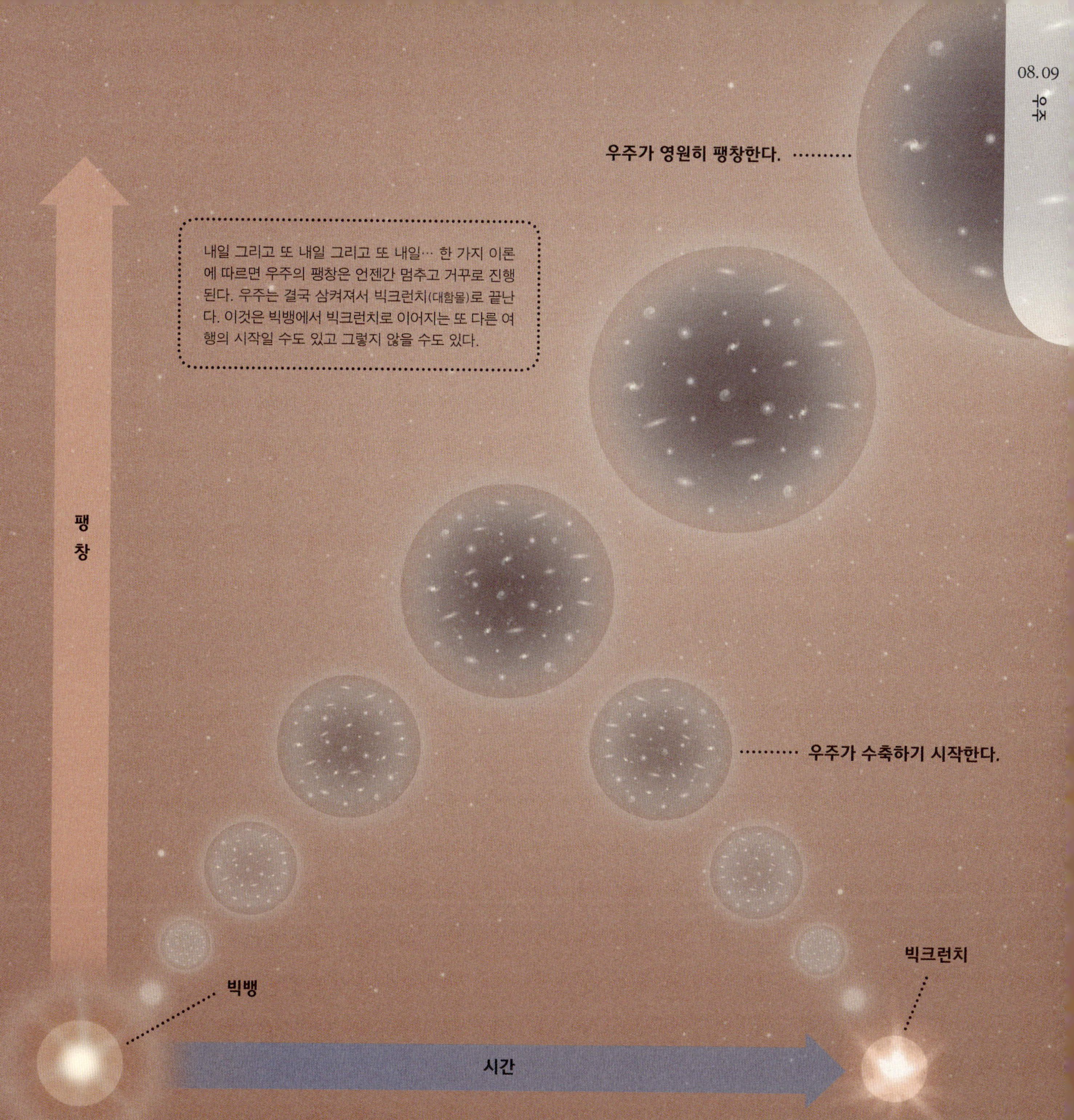

우주가 영원히 팽창한다. ·········

내일 그리고 또 내일 그리고 또 내일… 한 가지 이론
에 따르면 우주의 팽창은 언젠간 멈추고 거꾸로 진행
된다. 우주는 결국 삼켜져서 빅크런치(대함몰)로 끝난
다. 이것은 빅뱅에서 빅크런치로 이어지는 또 다른 여
행의 시작일 수도 있고 그렇지 않을 수도 있다.

팽
창

········· 우주가 수축하기 시작한다.

빅뱅

빅크런치

시간

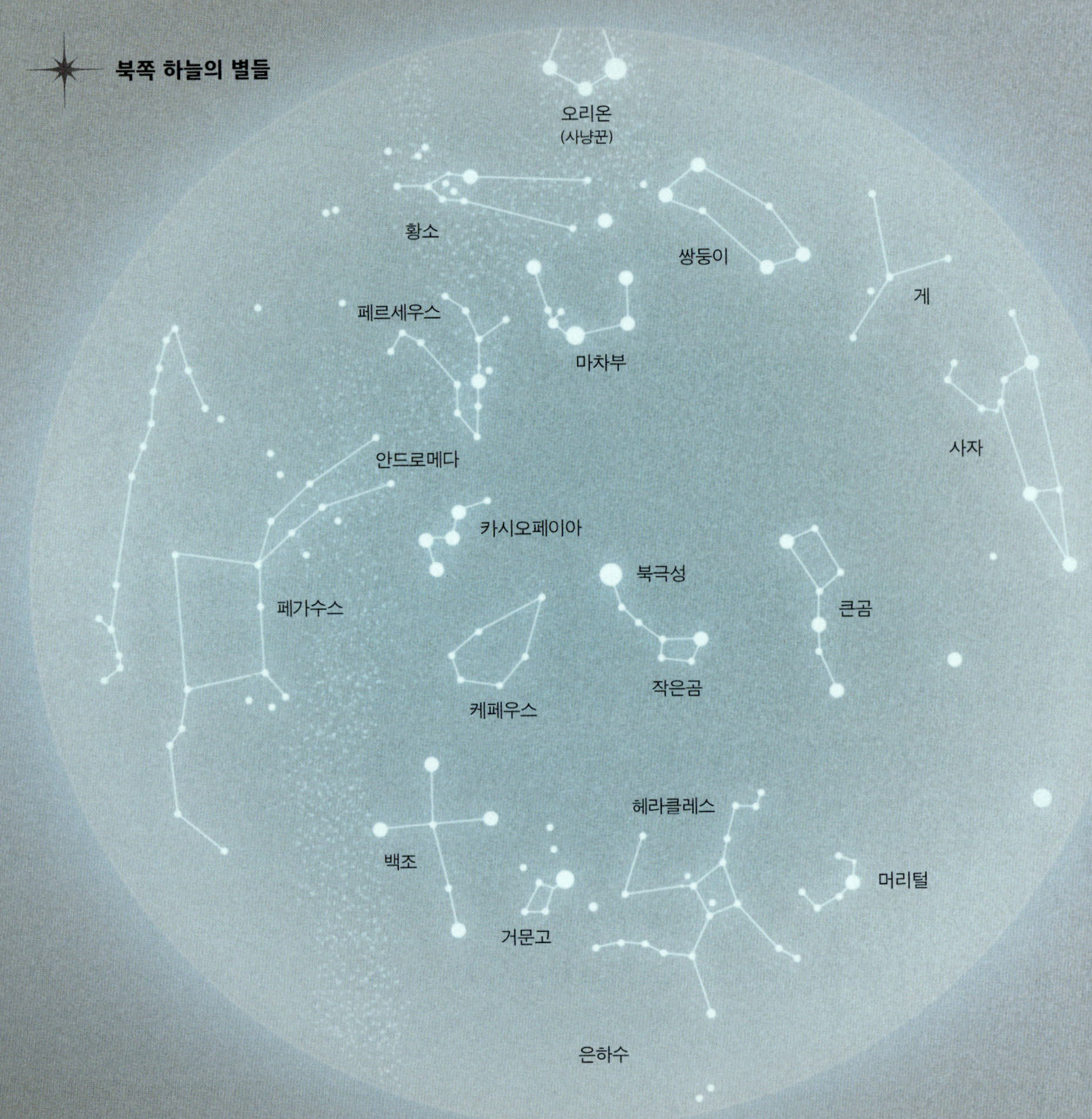

천구 북극은 이 지도의 한가운데 위치해 있다. 하늘은 북반구 하늘 지도에서는 반시계방향으로 남반구 하늘의 지도에서는 시계방향으로 돈다.

여러분은 어떤 정해진 시간의 밤에는 하늘의 일부만 볼 수 있다. 북반구에 있는 사람은 1년 동안 북쪽 하늘의 별들을 모두 볼 수 있다. 그러나 남쪽 하늘의 별들은 일부만 볼 수 있다. 그리고 남반구에 있는 사람은 그 반대이다.

찾아보기

영문 · 숫자

1광년	20
A고리	131
B고리	131
CFC 온실가스	119
C고리	131
D고리	131
E고리	131
F고리	131
GTC(카나리아 대형 망원경)	69
G고리	131
M33	182
MACHOs	206
SKA Square Kilometer Array	67
VLA Very Large Array	67
WIMPs	206
X-15 로켓 비행기	76
X선	58, 206

ㄱ

가니메데	126, 127
가시광	58
갈릴레오 갈릴레이	48, 127
갈릴레오 탐사선	87
갈릴레이 위성들	127
갈색왜성	161
감마선	58, 161
강한핵력	212
거대공동	196
거대합의 끝	196
거문고자리	26
거성단계	164
걸리버 여행기	121
겉보기 등급	153
겉보기 밝기	60
게자리	31
견우성	26
고래자리	30
고래자리 타우별	174
골디락스 존	110
공상과학소설	46
광구	105
광분 minute	20
광시 hour	20
광초 second	20
구상성단	180
구상성단 M80	181
국부은하군	178, 183
국자	26
국제우주정거장	77, 79
국제천문연맹	134
굴절기	52
굴절 망원경	52
궁수자리	30, 31
궁수자리 A	178
궁수자리 왜소은하	182
글리세 581	172
금성	108

ㄴ

나선성운	62
나선은하	182, 184, 190
나선 팔	190
남십자자리	28
노이만 탐사선	92
녹터널	26
뉴턴의 중력법칙	51
뉴 호라이즌 호	140
니콜라우스 코페르니쿠스	44

ㄷ

다중우주	212
달	114
대논쟁	62
대류층	105
대마젤란성운	182, 188
대물렌즈	38, 52
대적점	125, 137
대형강입자충돌기 LHC	206
데네브	26
데이모스	121
독수리성운	157
독수리자리	26
동반성	165, 170
돛자리	28
드레이크 방정식	174
디오네	133
디지털카메라	39

ㄹ

레굴루스	24
레이더 메아리	67
레이더 펄서	67
로버트 W.버사드	91
루나 프로스펙터	116
링릿	130

ㅁ

마리너 5호	120
마리네리스 협곡	120
마이크로파	58, 204
마젤란 탐사선	109
마케마케	141
망원경	48
머리털자리	191
먼지 꼬리	147
명왕성	140, 141
목성	124, 126
문 버기	81
물고기자리	31
물리학의 법칙	212
물병자리	31
미그-25M 제트비행기	76
미란다	138, 139
미르	78
미마스	131

ㅂ

반물질	90
반사경	38
반사 망원경	38, 52
배경별	170
백색광	59

백색왜성	155, 162, 206	성간 경계	84
백조자리	26	성간 공간	90
뱀주인자리	30	성간여행	174
버사드 램제트	91	성운	62
베가	26	세레스	56, 140, 141
별시계	26	소마젤란성운	182, 188
별자리	25	수레바퀴은하	190
별자리 앱	36	수바루 망원경	68
보이저 탐사선	85, 126, 130	수성	106
보정 광학 기술	69	수소 원자핵	104
보조렌즈	52	수소폭탄	90
복사선	58, 161	슈메이커-레비 제9혜성	124
복사점	148, 168	스마트폰	36
복사층	105	스카이랩	78
북극곰자리	26	스타쉽	90
북두칠성	26	스톤헨지	22
블랙홀	170, 206	스트라토 랩 V 풍선	76
블레이드	130	스페이스쉽 원 스페이스플레인	76
빅립	216	스펙트럼	58, 64, 192
빅바운스	216	스푸트닉 1호	66, 77
빅뱅	72, 166, 202	슬링샷	86
빅크런치	216	시몬 마리우스	127
빅프리즈	216	식민지 생물권	89
		쌀알조직granules	102
		쌍둥이자리	31
ㅅ		쌍성펄서	73
사자자리	31	쌍안경	38
사자자리 유성우	148		
살류트 1호	78		
삼각대	39		
생쥐은하	191		
섬 우주	62		

ㅇ		엔켈라두스	131, 133
아레시보 망원경	67	엥케간극	130, 131
아레시보 메시지	175	열복사	204
아르키메데스	21	열핵융합반응	101
아르타르코스	42	염소자리	31
아리스토텔레스	42	오리온 성운	156
아스트롤라베	32	오리온자리	24, 26, 156
아이가이온	131	오목거울	52
아이작 뉴턴	50	올베르스의 역설	210
아이피스	39, 52	왕의 천문학자	55
아폴로 11호	80	왜소행성	140
아폴로 13호	77	외계생물학자	172
아폴로 계획	80	외계지적생명체탐사SETI	174
아폴로 달 기지	83	외계행성	174
아프로디테 대륙	109	요하네스 케플러	46
안드로메다대성운	62	요한 갈레	136
안드로메다대은하	62	요한 리터	58
안드로메다은하	39, 62, 182	요한 보데	57
안드로메다자리	63	요한 티티우스	57
안티키테라	33	용골자리	28
알파 레오니스	24	우리 은하계	182
암석질 내행성	126	우주기반 중력파 감지기	73
암흑물질	206	우주론	202, 208
암흑성운	184	우주배경복사	213, 214
양성자	161	우주상수	208
양자리	31	우주선(아원자 입자들)	90
양전자	161	우주 연대표	202
에드윈 허블	62, 68	우주왕복선	77
에리다누스 입실론별	174	우주의 식민지 건설	88
에리스	141	우주의 팽창	64, 200
엔리코 페르미	174	우주정거장	78, 88
엔야르 헤르츠스프룽	158	우주 지평선	210, 212

찾아보기

우주 초단파 배경복사 204
우주탐사선 86
원시가스 성운 100
원시성운 138
원운동 42
원형패턴 214
월식 33, 114
위르뱅 르베리 136
윌리엄 허셜 54, 58
유럽 극대망원경E-ELT 69
유로파 126, 127
유리 가가린 76
유성 148
유성우 37
유성체 148
유성 폭풍 149
유진 서난 116
유진 슈메이커 116
은하수 34
이아페투스 132
이오 127
이웃은하 70
이중성계 165
인플레이션 시대 209
일반상대성이론 72, 107, 208
일식 33, 114

ㅈ

자기복제로봇 우주탐사선 92
자기복제 탐사선 93
자기장 방향센서 36

자연선택 113
자외선 58
작은곰자리 26
장성 196, 200
적색거성 154, 155
적색왜성 154
적색 초거성 154
적외선 58
전갈자리 30, 31
전 우주 194
전자기(EM) 스펙트럼 58
전자기력 203
전자기복사(EM) 58
전파 58, 206
전파 망원경 네트워크 174
전파 신호 67
전파원 178
전파 잡음 66
전파천문학 67
전후 V2 로켓 시험 76
접안렌즈 52
제Ia 유형 208
제Ia형 초신성 164
제라드 K 오닐 88
제미니 11호 77
제임스 웹 우주망원경 68
조나단 스위프트 121
조반니 카시니 132
존 보틀 37
존 코치 아담스 136
존 폰 노이만 92
주계열 158

주계열성 159
주극성 26
주전원 42
중력 203
중력상수 51
중력섭동 146
중력에너지 161
중력조력기술 86
중력법칙 50
중력파 72
중성미자 161, 206
중성미자 관측소 70
중성미자 망원경 70
중성미자 탐지기 70
중성원자 204
중성자별 168, 206
중심핵 105
쥬세페 피아치 56
지至, solstice 18
지구 110, 112
지구의 세차 운동 30
지극성 26
지오반니 스키아파렐리 118, 149

ㅊ

채층 105
채층chromosphere 102
처녀자리 31
처녀자리 초은하단 194
천구 남극 18
천구 북극 18

천구 적도 18
천문단위 97
천왕성 54, 134, 138
천체 경찰 56
천체망원경 38, 72
천체카메라 39
천체투영관 32
천칭자리 31
청색 초거성 155
초대질량블랙홀 178, 190
초신성 70, 164
초신성 폭발 100, 154, 167
초은하단 196, 200

ㅋ

카시니 간극 131
카시오페이아자리 26
카이퍼벨트 140
칼리스토 127
칼 잰스키 66
컴퓨터 60
케페이드 60
케페이드 변광성 60, 62
케플러우주망원경 172
케플러의 제1법칙 46, 107
케플러의 제2법칙 47
케플러의 제3법칙 46
퀵 망원경 68
켄타우루스 142
켄타우루스자리 28
코로나 102, 105

코마 147
퀘이사 66, 192
크레이터 106, 116
크리스티앙 호이겐스 128
큰개자리 왜소은하 182
큰곰자리 26
클라우디오스 프톨레마이오스 24
클라이드 톰보 140

ㅌ

타원은하 186
타이타니아 138, 139
타이탄 133
타임머신 72
태양계 소천체^{SSSB} 142
태양시계 26
태양중심설 44
템펠-터틀 149
토리노 충돌피해등급 144
토성 128, 130, 132
트로이군 소행성들 142
트리톤 138, 139
특이점 170
티코 브라헤 46
티티우스-보데의 법칙 57

ㅍ

파이오니아 명판 175
파이오니아 탐사선 85
파하다 뷰트$^{Fajada\ Butte}$ 22

퍼시벌 로웰 118
필서 168
페르디타 139
페르세우스자리 유성우 148
평면천체도 36
포보스 121
포이베 133
푸른 방랑자별 181
프랭크 드레이크 175
프레드 호일 166
프로테우스 138
프리즘 58
프톨레마이오스 42
프톨레마이오스 체계 42
플라네타륨 33
플라즈마 꼬리 147
플레어 102
플레이아데스 156
플레이아데스성단 156
플루토늄 238 84
필라멘트 196, 200

ㅎ

하늘의 해충 56
하우메아 141
하인리히 올베르스 210
할로 섀플리 62
항성질량 블랙홀 170
해왕성 48, 57, 136
핵력 203
행성계 172

허버 커티스 62
허블 우주망원경 68, 139, 157
허블의 법칙 65
헤르츠스프룽-러셀$^{(HR)}$ 도표 158, 162
헤일 망원경 68
헨리 노리스 러셀 158
헨리에타 리비트 60
헨리에타 리비트의 밝기-주기 관계 60
헨리 캐번디시 50
혜성 146
호이겐스 착륙선 132
혼천의 19
홍염^{prominence} 102
화성 거주$^{Mars\ to\ Stay'}$ 계획 83
활동은하 66, 192
황도대 30
황도대 십이궁 30
황색왜성 154, 155
황소자리 31
흑점^{sunspot} 102
히파르코스 152
힐스톤 22